● 決定版　愛犬の飼い方・育て方マニュアル ●

トイ・プードルと暮らす

”いっぱい食べて
早く大きくなりたいな“

シルバーのチャームポイントである、鼻のまわりと足裏の白い毛は、子犬のときから生えています。

“いたずらしちゃった
しーっ。ママには内緒だよ”

走ったり跳ねたり、生き生き動くと、キュートな垂れ耳も右に左にスイング。

“まだかすかに見えるだけだけど光はわかるんだ（生後3週め）”

“ここがいちばん”
安心するもん

遊びたいけど
おねむなの zzz…

”いいこと思いついた
ウフフのフ“

教えたことはすぐに覚え、楽しいことにどんどんチャレンジする、学習意欲旺盛な性質の持ち主です。

オハヨ
朝の光がまぶしいな

今日はどれで
遊んでくれるの？

“抱っこされると
落ち着くの”

人気のレッド。子犬のときは、レンガ色とでもいうべき濃い赤色をしています。

”お散歩したいな
連れていってよ“

おねだりポーズ
特訓中っ

もくじ

第1章 トイ・プードルの「魅力」

第2章 トイ・プードルの「選び方・準備」 35

子犬の見方・選び方・モノの準備・ココロの準備

第3章

トイ・プードルの「飼い方・育て方 ～子犬編～」

お手入れ・遊び・コミュニケーションの必須項目

トイ・プードルの「飼い方・育て方〜成犬編〜」 第4章 95

健康と、春夏秋冬。トイプーとの生活のコツと工夫

【スタッフ】
photograph：坂口 正昭
edit：大野 理美　中島 ナナ
writing：保田 明恵
design：瞬designOFFICE
illustration：Nobby

第5章 もっと豊かなトイ・プードルとの暮らし

今よりもっとトイプーが好きになる最終章

第1章

トイ・プードルの魅力

抜群のかわいさと意外なほどの賢さ。
スタイリングで個性を出せる
トイ・プードルの魅力とは……!?

トイ・プードルってどんな犬？

日本で爆発的な人気を誇るトイ・プードル。その理由とは？

テディベアカットでブームに火がついた

トイ・プードルのブームのきっかけは、全身の毛を厚めに残した「テディベアカット」の登場といわれます。日本で生まれたこのカットは、従来の伝統的なカットから一転、トイ・プードルの持つ愛くるしさを存分に引き出しています。よりテディベアらしいという理由からでしょうか、数あるカラーの中でも、レッドが最大の人気を獲得しています。

時代が変わり、昔より犬にお金をかけることが普通になったことも、トイ・プードル人気を後押ししています。

トリミングサロンに通って、さまざまなカットスタイルを楽しめるのは、トイ・プードルならではです。

一度トイ・プードルを飼った人は、たちまちその魅力に熱中します。貴婦人をとりこにした、優雅さと愛らしさが自然に同居するたたずまい。活発で明るい性格と、軽やかな動き。これからも大勢のトイプー愛好家が生まれることは間違いありません。

トイ・プードルの登録頭数は、2008～2012年で1位に輝いています。※JKC（ジャパンケネルクラブ）調査

性格　利発で活発な誰からも愛される気質

character 1 頭がよくて物覚えも抜群

サーカスで活躍するほど賢く、教えたことはすぐに飲み込むため、しつけやすい性質。ただし頭のよさが悪い方に働くと、ずる賢さとなって現れることも。

character 2 明るくてさっぱりしている

ねちねちしたところがなく、朗らかです（ただし例外もあり）。ひねくれたり、いじけたりしないので、心のまっすぐな、いい子に育てやすいです。

character 3 飼い主さんにも他人にも素直で従順

愛玩犬としてつねに人と一緒だったためか、他の人のいうことも素直に聞くので、留守中預けたりするときも安心です。人だけでなく、犬にも友好的です。

character 4 動きは活発でも内面はおっとり温和

水猟犬のなごりか、ピョンピョン跳ねるなど動きは活発ですが、性格的にはおっとりしています。神経質なところがないので、育児にあまり手こずりません。

明るくて素直だから誰からも愛される

二本足で立ってピョンピョン跳ぶなど、動きもユーモラスなトイ・プードルですが、内面的にも人を楽しませる美点をたくさん持っています。

トイ・プードルの人気が一過性のものに終わらず定着したひとつの理由には、その性質のすばらしさが挙げられます。

プードルは外国でサーカス犬として活躍してきました。この事実は、曲芸をこなす訓練性の高さ、人の指示に従う素直さ、大勢の観客の前でも堂々とふるまうおおらかさを物語っています。こんなトイ・プードルをわが家に迎えたら、家じゅうがたちまち明るくなることでしょう。

利口なのでコミュニケーションも取りやすく、心を通わせ絆を深めながら、いつしかかけがえのないパートナーに成長してくれます。

特性　愛くるしさと気品が同居したたたずまい

body 1

もこもこのカーリーヘア

くるくるとカールした被毛が、この上なく愛くるしい雰囲気。毛質は細いのですが、密生して生えているのでボリュームがあり、抱き心地もふんわりして最高です。

body 2

均整のとれた気品あふれる姿

豊かな毛の下に隠されていますが、じつはスタイル抜群。スマートなスクエア型のボディ、まっすぐに伸びた長い足、丸みのある頭と、バランスがとれています。

body 3

キリリと知的アーモンド・アイ

目の端が尖ったアーモンド型の目が、高貴で知的な印象を与えます。ただし、最近の一般の飼い主さんには、幼い印象を与える、丸い目が好まれる傾向あり。

body 4

抜け毛も体臭も少ない

毛が抜けてもからまるので、床に落ちにくく、ブラッシングでまとめて取り除けます。ニオイもせず、あまり吠えないのも、誰にでも愛される要因です。

小さな体からあふれる上質な愛らしさ

トイ・プードルの魅力は、何といっても美しい被毛です。ソフトな巻き毛は、いつまでも抱きしめていたいほどの愛くるしさを感じさせると同時に、貴族たちをとりこにした優美さにも満ちあふれています。そんな甘美なコートの下に、思いがけないほどスタイリッシュなボディが潜んでいます。優しくも知的な顔立ちも、愛好家を魅了してやみません。

最近は、トイ・プードルの中でも、小柄な子をほしがる人が増えています。しかし、あまり小さいと骨格が華奢《きゃしゃ》だったり、水頭症や内臓疾患、低血糖を起こしやすいなど、健全性に問題が出る恐れが高くなります。最近よく聞くタイニー・プードルやティーカップ・プードルは、トイ・プードルの極小サイズを指す俗称で、正式な犬種名ではありません。

運動能力 サーカスでも活躍する高い身体能力

子犬期

一緒でも、自分だけでもいっぱい遊ばせたい

やんちゃな子犬のエネルギーは、おもちゃで発散させるとよいでしょう。面白いおもちゃなら、子犬はひとりで格闘していますので、構ってあげられないときのストレス軽減にもなります。ゴム製の噛むおもちゃを与えれば、成長期の犬の歯のうずきも解消。

成犬期

肥満防止のためにも散歩タイムをしっかり確保

トイ・プードルは、特に肥満になりやすい犬種ではありませんが、普段の運動や食事管理が不適切だと、やはりすぐ太ってしまいます。散歩は1日2回、30分程度がベスト。適正体重を維持できれば、成犬になっても茶目っ気たっぷりの動きを披露してくれます。

まわりを楽しくさせる軽やかで自由な動き

身軽くて軽快な動きも、トイ・プードルの魅力です。バネのように跳ねたり、ときに二足ですっくと立ったりと、見事な身のこなしに、ついつい目を奪われてしまいます。あどけない子犬の頃から、目を離したすきにケージを飛び出して脱出し大慌て、なんて話もよく耳にします。

このように高い身体能力の持ち主で、性格的にも活発で行動的なトイ・プードルですが、小型犬ということもあり、必要運動量が特別多い犬種というわけではありません。しかし、だからといって運動を手抜きしてよいわけではありません。室内にいることが多いトイ・プードルだからこそ、散歩で体を動かし、気持ちをリフレッシュすることが大切です。ときには公園などで、ロングリードを使って自由に走らせましょう。

コートカラーが豊富で多彩!!

濃淡さまざまな美しい毛色がずらり。お気に入りの色はどれ？

Red レッド

元気な印象のレンガ色

テディベアカットも似合う、愛らしさと元気さを感じさせる一番人気のカラーです。色の歴史としてはもっとも新しく、体格や毛色などがまだ安定していない部分もあります。飼い主さんが大好きでベッタリ。やきもちやきの一面も。

雰囲気がそれぞれ異なる華やかなカラーバリエ

コートカラー（毛色）は10種類以上と豊富。ルーツをたどれば、最初はホワイトとブラック、その後ブラウンが登場し、ブリーディングを重ねながら濃淡のバリエーションが生まれていきました。

現在、日本で圧倒的な人気を誇るのはレッドです。最初にポピュラーなレッドを飼い、トイ・プードルの魅力に開眼。2頭目には、ブラックやホワイトなど、原色や、原色に近いカラーを求める人も増えています。ホワイトとブラック以外は、成長途中で色が薄くなります。その変化を見守るのも、トイ・プードルを飼う楽しみといえるでしょう。

コートカラーが豊富で多彩!!

ホワイト

White 高貴さが際立つオリジナルカラー

真綿のような白が高潔な印象の、オリジナルカラー。歴史が長いため完成度が高く、プライドが高くて頭がよいです。伝統的なクリッピングも映えます。血統的にも安定しており、成長途中で不測の事態が起きることがありません。

Black ブラック

ホワイト同様、オリジナルカラーです。成長しても色が飛ぶことがありません。性格的には、つかみどころのない不思議な魅力があります。ホワイト同様、骨格や容姿が安定しているので、安心して飼うことができます。

吸い込まれそうな深みのある黒一色

Silver

上品な輝きを放つ銀 シルバー

子犬のときはブラックに近いですが、足のパッドと鼻の先が、小さい頃から白いのが特徴です。成長するにつれ色が抜け、シルバー本来の輝くような上品な色合いへと変化。ホワイト、ブラックと並び、被毛の密度が濃いです。

ふんわり淡い色合い ベージュ

Beige

ブラウンと同系色ですが、色の濃さが違います。ごくごく淡い色合いがふんわり優しい雰囲気で、また違う魅力があります。ニュアンスのあるあたたかいイメージが個性的です。

全身の色バランスが絶品
カフェオレ
café au lait

元気な印象のカラー。ブラック同様、内面に不思議な魅力をたたえています。カフェオレとブラウンは、目はダーク・アンバー（琥珀色系）、鼻はレバー（茶色系）と、被毛の色にマッチしており、色のトータルコーディネイトが完璧です。

ブラック系３色の見分け方

同系色の中でも何かと混同されやすいのがブラック、シルバー、ブルーの３色です。シルバーは生まれたとき、ブラックとほとんど色が同じです。見分けるポイントは、足のパッドと鼻の先。シルバーの子は、この部分が生まれたときから必ず白くなっています。一方で、全身黒いのがブラックです。ブルーというカラーも存在して、こちらはシルバーのような目印がなく、子犬のときはブラックとほぼ同じ色です。成長すると墨汁のような黒が少し抜けて、やや青みがかった黒になります。

シルバーの子犬。鼻のまわりと足裏の白い毛が、見分けのポイントです。

ブラック。足の裏まで真っ黒で、生涯色が変わることがありません。

スタンダード

犬種のスタンダードを理解しよう

チャンピオンになるような、理想のトイ・プードルってどんな犬？

スタンダードを知れば愛犬の魅力がよりわかる

犬種のスタンダードとは、その犬種のあるべき姿を定めたものです。スタンダードは、複数の団体がそれぞれに定めるものが存在します。日本で代表的なのはＪＫＣ（ジャパンケネルクラブ）です。

スタンダードでは、サイズ、色、体のパーツごとの形や性格、歩き方まで、細かく基準が指定されています。純血種であれば、みな、この基準に沿っているのが本来です。

どの犬種も、愛好家たちが長い年月を費やして、ブリーディングを重ねて生み出したものです。スタンダードを疎かにすれば、犬種の姿はどんどん崩れていってしまいます。

JKCのスタンダード

一般外貌
優雅な容姿、気品に富んだ風貌を備え、スクエアな体構でよく均整がとれている。慣例上の刈り込みによって、一層プードル独特の高貴さと威厳を高めている。プードルの特色であるクリップによって、多少の外貌表現に差を見るが、表現は知的であり、より優雅で気品を発揮しなければならない。

習性／性格
利口、活発、従順で、しかも活動的な動作を示す。

頭部（ヘッド）
●頭蓋部
・スカル：ほどよく丸みを呈している。
目（アイズ）　両目は適度に離れて付き、形はアーモンド型である。
・マズル　長く真っ直ぐで、美しく、眼の下にわずかな彫を持ち、力強い。マズルとスカルは同じ長さ（つまり1対1）。
・唇（リップス）　引き締まっている。
・耳（イヤーズ）　耳は目の高さ、または目よりもやや低い位置に付き、頭部にぴったりと沿って垂れ、耳は厚い。耳朶は長く、幅広く、豊富な飾り毛に覆われている。

胸（チェスト）
深く、適度に幅広い。

四肢（リムズ）
●前肢
十分な骨量と筋肉を持ち、肘から真っ直ぐに伸びる。
肩（ショルダーズ）　十分傾倒している。
●足（フィート）　小さく丸く引き締まっている。パッドは強固である。
●歩様（ゲート／ムーブメント）
健全で、自由な軽い動きで十分な推進力がある。

※JKCが定める標準をもとに、一部をピックアップし、編集部が文言を作成・記載しています。

犬種のスタンダードを理解しよう

スタンダードを守ることは、その犬種の歴史を受け継ぎ、未来へとつなぐ重要な意味があります。特にプードルは、サイズもカラーコートも豊富でバリエーションが多いため、スタンダードを守らないと、個体ごとに大きくバラつきが出てしまい、犬種を守れなくなってしまいます。

　一般の飼い主さんであれば、愛犬がスタンダードに厳密かどうか、気にすることはあまりないでしょう。とはいえ、スタンダードを知れば、プードルを見て感じる魅力の謎がどこにあるのか、言葉で明確にわかります。例えば、「トイ・プードルが知的な感じがするのは、キリリとした目、引き締まった唇、深い胸などに理由があるのか」といった具合に。そして、細部への作り込みを知るにつれ、プードルを愛してやまない先人たちが作り上げて、現在の姿に至った、その重さを感じとり、犬種への愛がさらに深まるはずです。

サイズバラエティーは４種類

JKC が規定するプードルのサイズは、従来のスタンダード、ミニチュア、トイに加え、2004 年にはミディアムサイズが採用され４種類となりました。スタンダードとトイでは、大きさがまったく違いますが、同じ犬種であり容姿も同じです。

日本では、トイサイズが圧倒的な人気を誇ります。以下、飼育頭数の多い順にスタンダード、ミニチュア、ミディアムとなります。

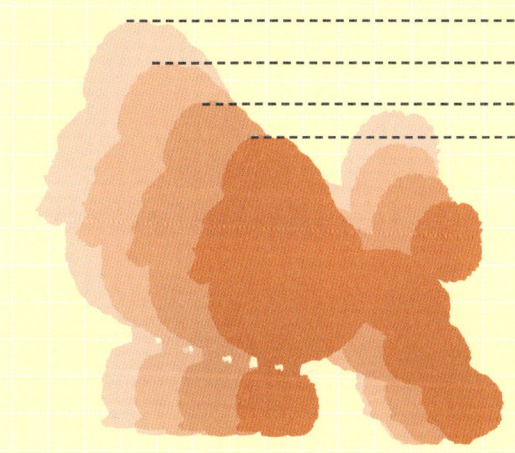

体高
スタンダード：45 ～ 60cm
（＋２cm まで許容される）
ミディアム：38 ～ 45cm
ミニチュア：28 ～ 38cm
トイ：24 ～ 28cm
（理想は 25cm。-1cm 間で許容される）

刈り込みを要所に施した独特なカットスタイル

プードルの正統派カットは、バリカンで刈り込みを入れた独特なものです。これは、その昔、撃ち落とした水鳥の運搬犬として活躍していたことから、水の中で動きやすいようにと被毛をカット。水温から守るために、関節と心臓まわりは毛を残したのが始まりです。

やがてフランスで貴婦人たちのアイドルになり、大勢の犬の美容師が登場しました。トリマーという職業は、プードルが発祥だったのです。

ドッグショーに参加できるカットのことを「ショー・クリップ」と呼びます。ＪＫＣ（ジャパンケネルクラブ）が定めるプードルのショー・クリップは、コンチネンタル・クリップ、イングリッシュ・サドル・クリップ、生後12カ月以下のパピークリップの3種類あります。

ショー・クリップ *Show Clip*

プードルでは、クリップを施した状態が犬種のスタンダードとなっています

ショー・クリップを施すことで高貴さが際立つ。顔、足、尾の基部を刈り込んだパピー・クリップ、足先も刈り、腕輪の毛（ブレスレット）を残したコンチネンタル・クリップ、後ろ足に2本の刈り込み部（バンド）のあるイングリッシュ・サドル・クリップがあります。

ペット・カット

Pet Cut

トイ・プードルの魅力を世に知らしめた人気絶大のテディベアカット

思わず抱っこしたくなるぬいぐるみふうカット

昔からプードルのペットカットは人気がありましたが、全体の毛を残し、丸くてモコモコのシルエットに仕上げる「テディベアカット」はその名のとおり、ぬいぐるみのくまのような愛らしさを演出できます。一般の飼い主さんのあいだでは、もっともポピュラーなカットです。同じテディベアカットでも、毛の一部を伸ばしたり、毛の厚みを部分的に変えることで、無限のバリエーションを楽しむことができます。足先や顔の毛をバリカンで剃り、ショー・カットのクラシカルな雰囲気を取り入れたものも見られます。

トイ・プードルほど、カットが「何でもあり」な犬種はいません。トリミングサロンでは、「腕の見せどころ」とばかり、遊び心あふれるカットをたくさん提案しています。

貴婦人を熱狂させた魅惑の犬種

屈指のおしゃれ犬になった理由は、そのルーツにあり。

フランスの貴婦人たちに愛されて小型化が進んだ

プードルの原産国はフランスというのがほぼ定説ですが、ドイツやロシアが発祥との説も存在します。古代ローマ遺跡には、プードルに似た犬の絵画が描かれています。その犬が本当にプードルかどうか定かではありませんが、いずれにせよ、古い起源を持つ犬ではあるようです。

だいぶルーツがはっきりしてくるのは、ヨーロッパ各地で、人が撃ち落とした水鳥を回収する水中運搬犬として活躍した頃からです。水に入る際に、毛が邪魔にならないようにと生まれたのが、プードル特有のカットスタイルです。サーカス犬としても活躍するようになります。

16世紀にフランスに渡ると、フランスの貴婦人たちに愛されて、その人気が世界中に広まりました。愛玩犬として飼いやすいようにと、より小型のサイズが生み出されていくことになります。現在における小型化の最終形がトイ・プードルです。

トイ・プードルの基本スペック

- 原産国…フランス
- 犬種名…「プードル」は、「水を跳ね返して進む」という意味のドイツ語「プーデル」に由来。
- サイズ…体高24～28cm（理想は25cm）。－1cm間で許容される

均整のとれたスクエア型のボディ、優雅で気品あふれる風貌の持ち主。

貴婦人を熱狂させた魅惑の犬種

フランスの貴婦人たちは、気品漂う愛玩犬として、プードルを愛でました。洗練されたカットを施し、アクセサリーもつけて、おしゃれに熱中しました。カットの上手な犬の美容師は、宮廷でも人気者になりました。

専門家に評価される顔と、一般受けする顔が違ってきています。

最近の傾向

テディベアカットの影響!?
つぶらな瞳に鼻ペチャの幼な顔がブーム

目は端が尖ったアーモンド・アイ、マズルはすっと伸びているのが、トイ・プードルの犬種スタンダードです。ところが最近は、ボタンのようにまん丸な目に、鼻ペチャ顔と、「童顔」が好まれる傾向に。小柄な子の人気も高まっています。頭が小さいぶん、耳が頭頂部寄りに付くことで、本来の垂れ耳ではなく、頭のふくらみに沿って、耳が外側に開くように付いている犬も増えています。

多頭飼いにもすんなり適応

頭数が増えると、1頭の個性や意外な面も見えて、興味深いものです。

新しい犬を迎えても無理なくなじみやすい

よく複数のトイ・プードルを、一度に散歩させている光景を見かけますが、争っている様子はありません。トイ・プードルは、他の犬がいても、すっとなじむ特性を持っているため、多頭飼いをしても、トラブルにはなりにくいです。また、吠えない、においない、抜け毛の少ないトイ・プードルは、飼う人間の立場からいっても多頭飼いしやすい犬種です。異犬種との同居も、自然に適応します。

頭数が増えても、1頭にかける愛情を減らさないのが多頭飼い成功の秘訣。レッドの子はやきもちやきの傾向があるので、その子に向き合う時間をきちんと確保しましょう。

多頭飼いで先住犬が嫉妬!?

新しい犬を迎えたら、先住犬がトイレを失敗したりと、赤ちゃん返りのような行動をすることがあります。嫉妬を解消し、より強い絆を築くため、飼い主さんと犬、1対1の関係を、これまで以上に大切にしましょう。

同犬種同士？　それとも異犬種？

さっぱりした性格だから他犬種にとっても暮らしやすい

さっぱり明るい気質のトイ・プードルは、他の犬がいてもじきになじんでくれます。同犬種、異犬種を問わず、他の犬と同居しても平気です。他の犬種から見ても、つきあいやすい相手といえます。ただし､仲良く群れるのが得意でない犬種（柴犬、チワワ、フレンチ・ブルドッグ etc.）との同居の場合は、相性によっては少し配慮が必要かも。

オスとメス？　それとも同性同士？

性別を気にするよりも性格で選ぶほうがトラブルなし

攻撃的な性格ではないので、オス同士でも日夜ケンカということはありません。不妊手術をしていなければ、メスのヒート（発情期）には、穏やかならぬ空気が流れるのは致し方ないですが、それ以外は性別に関係なく穏やかに同居できます。もう１頭迎えたいなら、性差よりは、個体の性格による相性を重視したほうがうまくいきます。

年が近い方がいい？　それとも？

どれぐらいの年齢差がベストか一概にはいえない

年齢が同じか近ければずっと仲良し、というパターンもありますが、後輩犬が成長すると、年が近いか離れているかに関わらず、あるとき世代交代が起きるケースもあったりと、関係性の変化はおこり得ることは知っておきましょう。しかし、性格的に相性がよければ、やがて互いが落ち着くべき関係に落ち着いていくでしょう。

相性

ひとり暮らしも初心者もＯＫ!!

犬を初めて飼う人も、トイ・プードルならうまくいく！

どんな住宅環境でも飼いやすい気質と体質

日本におけるトイ・プードル人気は、衰えることを知りません。その理由は、誰にでも飼いやすい、家庭犬としての適性の高さにあります。何しろ利発でしつけが入りやすいので、初めて犬を飼う人も、犬育てにあまり手こずりません。

マンション暮らしでも飼いやすいことから、日本では小型犬ブームが続いています。小型犬の中でも、飼いやすさにおいてトイ・プードルはトップクラスです。まずは抜け毛が少ないので、家族の中にアレルギーの人がいても飼いやすいです。体臭もあまりなく、気になりません。

ムダ吠えが少ないこともトイ・プードルの美点です。トイ・プードルのルーツは水猟犬ですが、猟犬は吠えて獲物を追いつめるため、吠えグセがあるとされます。しかしトイ・プードルの場合は、人が撃ち落とした水鳥を回収するのがお仕事だったため、吠えて口から獲物を落とすわけにはいかなかったのです。

家の空気になじむので犬も人もストレスなし

トイ・プードルは、置かれた環境

ひとり暮らしも初心者も OK!!

に感化されるという特質があります。

お年寄りのそばにいるとのんびりした犬に、子供のいる家庭では、よりアクティブな犬に育ちます。よく、犬を選ぶ際は相性が大事といいますが、犬の方で勝手になじんでくれて、わが家の波長に合った子になるので、一緒に暮らしやすいです。

体重は2～4キロ、レッドだと1～5キロぐらいと、サイズに比較的幅があるのも特徴です。家が狭いから小さめの子、頼もしい遊び相手がほしいから大きめの子と、住宅事情やライフスタイルに合わせてサイズを選ぶことができます。

近年は日本も欧米なみに、犬連れで楽しめるスポットが急増しています。キャリーバッグにすっぽり入る小柄な体形と、他の人や犬にもフレンドリーなトイ・プードルは、愛犬とのお出かけの夢を叶えてくれます。

お手入れもおしゃれもとことんやりがいあり

コートカラーが種類豊富なトイ・プードルは、「おしゃれを楽しみたい」という人の願いに存分に応えてくれます。カラーとカットの無限ともいえる組み合わせで、愛犬におしゃれさせたい飼い主さんにはたまらない、オリジナリティあふれる表現が可能なのです。流行のスタイルはテディベアカットですが、アレンジ次第でどんな雰囲気にも演出できます。

伝統的なクリッピングのテイストを取り入れれば、たちまち高貴さを身にまといます。

家では、毎日のブラッシングに力を注ぐほど、トイ・プードルの被毛は輝きを放ちます。ですから、愛犬のおしゃれにあれこれ手をかけたい、という人に向いている犬種です。

子どもとの暮らしは大丈夫？

トイ・プードルは、他人の言うことも聞く素直な性格です。子供だからと見下したりせず、持ち前の明るさを発揮して、仲良くつきあえるでしょう。身体能力が高いので、子供にとっても申し分のない遊び相手となります。ただし、最初に引き合わせるときには注意が必要です。トイプー得意のジャンプでいきなり跳びつかれて、子供が恐怖心を覚えたり、転倒事故に発展する恐れもあります。オスワリなどで飛びつきを制止し、顔合わせは穏やかに行いましょう。

column 01

しつけの苦労も楽しみのうち

子犬を飼ってすぐ、しつけ教室や犬の幼稚園に通わせようとする人がいます。「新しいことを吸収しやすい子犬のうちに」と、はやる気持ちはわかりますが、ちょっと待って。犬を迎えてまずしなければならないのは、飼い主さんと子犬とのあいだに信頼関係を築くことです。わが家にやって来た子犬にとって、まわりの人間はみな、見知らぬ存在です。それが、毎日飼い主さんと接することで、子犬は徐々に、「この人に従えばいいんだ」と認識するようになります。ところが、こうした関係が出来上がらないうちに、しつけの先生が介入してしまうと、犬はどちらの人のいうことを聞けばよいのか混乱してしまい、同じ指示を出しても、飼い主さんは無視、しつけの先生の言うことにしか従わなくなってしまう恐れがあります。

犬のしつけに自信がなくても、まずは手探りでよいので自分なりにやってみましょう。1～2カ月間ぐらいはその犬にしっかり手を焼いてください。最初は失敗の連続かもしれませんが、あとから振り返ってみれば、手のかかった犬ほど記憶に残るものです。子犬のしつけに苦労することも、犬を飼う醍醐味のひとつです。

そのあとで、どうしてもうまくいかないところはプロの手を借りてみましょう。プロのやり方と比較することで、何が原因だったのかがよくわかります。

第2章

トイ・プードルの
選び方・準備

子犬がわが家にやってくる！
モノだけでなく、心の準備も、
ぜひ知っておきたい。

失敗しない子犬選びのポイント

幸せな犬との暮らしは、理想の子犬との出会いから始まります。

目で見て、触れて よい子犬かどうか判断を

よい子犬とは一言でいえば、元気で性格の明るい子です。活発な動きと、ほがらかな性格が魅力のトイ・プードルですから、くったくのない子犬時代には、そうした美点がはっきりと表れているのが望ましいです。コロコロと動き回り、初めて会う人にも、自分からじゃれついていくような子がよいでしょう。とはいえ、少しぐらいシャイでも、人と暮らす中でトイプーらしい明るさを発揮してくれることが多いため、神経質に考えすぎる必要はありません。

健康かどうか、体のパーツもチェックします。1章で紹介した、トイ・プードルの理想形と照らし合わせれば、容姿端麗に育つかどうかがわかります。

子犬選びは、これからの犬との生活を左右する大切な第一歩です。「1日も早く子犬と暮らしたい」と、あせって決めるのは禁物。自分の目でじっくり見て、「この子なら間違いない」と納得してから選びましょう。

「人気犬種だから」の理由だけで選ぶのはNG

人気犬種ナンバーワンのトイプー。でも、「まわりが飼っているから」と流行に流されて選ぶのはよくありません。犬種によって見た目はもちろん、性格や、得意なことも異なります。自分が犬と実現したい暮らしを思い描き、適した犬種を選びましょう。

オスとメスでは どちらがオススメ？

トイ・プードルでは、なぜか圧倒的に人気があるのはメス。「女の子のほうが飼いやすい」と考える人が多いのかもしれません。実際は、オスとメスの気質は、人でいう幼稚園の年長のイメージにあてはまります。オスは、少しシャイでやさしい性格、メスは知恵がありおしゃまな傾向があります。子犬選びの参考に。

1章 魅力
2章 準備編
3章 育て方（仔犬）
4章 育て方（成犬）
5章 暮らし

容姿 上手な子犬の選び方

耳
めくって確認 きれいな耳が○

左右のバランスがよいこと。耳をめくってみましょう。中が汚れている、くさい、よくかくというのは×。

目
心の状態を知るバロメーター

「目は心の窓」といいます。感情豊かに、イキイキと輝いていること。濁っていたり、白目をむくような子犬は避けます。

しっぽ
元気いっぱい ふりふり動く

しっぽをふりながら寄ってくること。しっぽを後ろ足の間に下げたり、ぴんと立てたまま不動な子は、性格をよく確認して。

鼻
ほどよく湿って ツヤヤカに 輝く

起きているときは、適度に湿ってツヤツヤしていること。鼻水が出ている、乾いてカサカサしているのは注意。

お尻
便がついて おらず こぎれい

肛門まわりが便で汚れていたり、べとべとしていたら、感染症などにかかって下痢をしている恐れがあります。

毛
手触りがよく 光沢がある

フケや汚れがなく、毛ヅヤがあること。ベタついたり、カサカサしていたら、皮膚トラブルかもしれません。

口
歯茎や舌は きれいなピンク色

口の中を開けてみましょう。歯茎も舌もピンク色の子がよいです。異常な赤みや口臭があるのは、健康に難ありかも。

足
バネのように 脚力がしっかり

元気な足どりで駆けたり、トイ・プードルらしく跳ねたりすること。バランスのよい歩き方をしていること。

わかりやすい性格テスト

兄弟である子犬たちに向かって手を叩き、呼んでみたときの反応を見ましょう。真っ先に飛んでくる強い子、のんびりやって来る子、尻込みする子などがわかります。

おとなしく受け入れる？

子犬を仰向けにしましょう。素直に受け入れるか、騒いでもやがて静かになるか、大騒ぎして噛むか、従順性が見えます。

持ち上げられても騒がない？

子犬のお尻と胸を抱えて、床から少し持ち上げましょう。受け入れるか騒ぐかで、子犬の服従性が見えます。

逃げてもまた戻る好奇心の持ち主？

少し大きな音のするものを、子犬の近くに落としましょう。動じないか、逃げても戻って確認するか、逃げ去るかで、神経質かどうかがわかります。

トイプーのよさが表れた明朗快活な子犬を

飼いやすい犬種であるトイ・プードルですが、なかには少々難しい性格の犬もいます。例えば引っ込み思案の子犬は、飼い主さんが上手に育てないと、ムダ吠えするようになるなど、人間社会に溶け込むのに苦労します。犬育てに失敗しないためにも、特に初めて犬を飼う人は、トイ・プードルらしい明るい性格の子犬を選ぶとよいでしょう。

「おいで」と呼ぶと、一目散に駆けてくる子は社交性があります。瞳をキラキラと輝かせたり、ニオイを嗅いできたら、生き生きとした好奇心の持ち主です。隅の方に隠れてしまう子は、シャイな性格です。

できれば食事するところも見せてもらってください。食欲旺盛な子犬は、総じて生命力が強いもの。きっと順調に成長してくれるでしょう。

子犬の購入相手が信頼できるかどうか確認

子犬を手に入れるには、複数のルートがあります。いずれにしても、まずは自分の目で子犬をしっかり見て、健康状態や性格、相性などを、可能な限り見極めることです。

「すぐに死んでしまった」「純血種だといわれたのに、成長した姿を見るとトイ・プードルではないようだ」といった、購入後のトラブルも少なくありません。信頼できる売り手かどうかを知るために、下記の4項目について尋ねてみましょう。「なぜそんな面倒なことを聞くの？」といった対応のところは論外です。気持ちよく対応してくれる相手かを確認したら、そのうえで、子犬がすぐ死んでしまった場合の補填や、遺伝疾患の有無、親犬の性格なども聞いて、後悔のないように努めましょう。

ショップ購入時の確認項目

- □ ワクチン接種の有無
- □ 親犬の血統や性格
- □ 子犬の生年月日
- □ 子犬の健康状態

※信用と実績のある所で入手することが大切です。

購入方法を選択する

トイ・プードル専門のブリーダーから

トイ・プードルを繁殖している場所に、実際に足を運ぶことで、子犬の育つ環境がわかる、子犬にまつわる情報を何でも聞ける、などのメリットがあります。ブリーダーの愛をいっぱい受けて育っているかどうか、飼育環境も見届けて確認しましょう。

ペットショップから

街中にあり訪れやすい、フードやグッズも購入できる、などの手軽さがあります。犬種選びに悩んでいる人は、複数の犬種を一度に見られるのは利点です。「売れればいい」ではなく、ポリシーを持ったお店かどうかを重視しましょう。

インターネットから

たくさんの候補の中から、好みの子犬を探せる点がウケて広まった購入法です。実物を見て購入するのはもちろん、実績のある所か、対応は誠実かどうか確認しましょう。

子犬が来るその日までに揃えたい

子犬との生活をスタートさせる、物と心の準備はOKですか？

必要最低限のものを中心にアイテムを揃える

子犬がやって来る日までに、フード、食器、トイレシーツなど、必要最低限のものを買い整えておきましょう。子犬が落ち着ける居場所となるサークルも必須です。最初から何もかも買い揃えずに、子犬の性格やわが家のライフスタイルに合わせて、少しずつ買い足していく方が賢明です。例えば、好きなおもちゃは犬によって異なりますし、犬と挑戦したいアクティビティの種類によっても、必要なグッズは違ってきます。

心の準備も必要です。世話の役割分担や、しつけの方針なども話し合い、家族で気持ちをひとつにして、子犬を迎え入れましょう。

●写真上はお出かけグッズ、写真左はケアグッズ一式。子犬であれば本格的な被毛のお手入れは必要ないものの、慣らすために早くから習慣づけましょう。

●スリッカー、コーム、歯ブラシ、歯みがきペースト、ケア専用ウエットティッシュ

子犬を迎える前に用意したいグッズたち

① キャリーケース（ハード）

病院など外出の際に、犬を入れて連れ出すのに使います。布のキャリーバッグもありますが、子犬のうちは頑丈なハードタイプが安全です。

④ ウンチ袋

室内トイレがベストですが、外でしたときに活用。裏返した袋に手を入れて拾い、ピックアップ。手も汚さず、ストレスなく持ち帰れます。

⑥ スリッカー

将来のお手入れで使うスリッカーに慣れさせるため、子犬の頃から体に当ててならしましょう。まずはお尻のあたりから徐々に慣れさせます。

⑧ 歯ブラシ

歯の健康のために大切な歯みがきですが、苦手な犬も多いので、子犬の頃から慣れさせましょう。ヘッドの小さな子犬用がみがきやすいです。

⑩ ケア専用ウエットティッシュ

目ヤニやお尻のまわりなど、汚れやすい部分を拭き取ります。子犬の敏感な肌を清潔に保ち、皮膚や被毛のトラブルも防ぐことができます。

②③ 胴輪か首輪、リード

首輪とリードのサイズは、犬の成長に合わせて買い替えます。子犬頃は首輪より、体への負担が分散される胴輪の方がオススメです。

⑤ 携帯水入れ

外出先でも水を飲ませることができます。特に夏場の散歩は、こまめな水分補給が大切ですので、つねに散歩バッグに入れて持ち歩きます。

⑦ コーム

ブラッシングの後、とかして毛並みを整えるのに使います。皮膚に対して垂直に差し入れ、被毛の抵抗感がなくなるまでとかしていきます。

⑨ 歯みがきペーストかマウスクリーナー

手軽なマウスクリーナーは、口の中に直接スプレーしてから、ガーゼや歯ブラシでみがいたり、噛むおもちゃにスプレーしてもよいでしょう。

留守番時も安心

サークル取り付けタイプの自動給水器

水を入れた食器を置いておくと、ひっくり返して水浸しになり、飲み水がなくなる心配があります。サークル取り付けタイプの自動給水器なら、その心配がなく、留守番時でも安心。ただし、夏場は特に、まめに分解して洗い、衛生的に保ちましょう。

準備②

子犬を迎えてすぐの過ごし方

子犬が来た日から、良好な関係作りはスタートします。

ひとりぼっちにせず新しい環境に慣れさせる

子犬を迎え入れるにあたり、検便や先天性疾患の検査、ワクチン接種などを受けさせる必要があります。これらは子犬を入手する段階で済ませている場合もあるので、入手後にするべきことは何か、子犬の入手先に必ず確認しましょう。

子犬を迎えるのは、日中がベストです。夜ひとりで寝るまでに、環境に慣れる時間を持てるからです。

また飼い主さんにとっては迎え入れたその瞬間から「新しい家族」ですが、子犬としては「見知らぬ他人」。まずは安心・安全な場所と人であることをわかってもらうのを第一としましょう。

そのために、せめて最初の1週間は家族の誰かが家にいて、ひとりぼっちにしないのが理想的。ただしかまいすぎて、子犬の睡眠時間がなくならないよう十分に注意します。子犬の頃から愛情をかけて信頼関係を築くことが、後々の育児トレーニングにもよい影響を与えます。

迎えてから1週間 ③つの育児ポイント！

①1日目は静かにゆっくり見守る

母犬から離された子犬は不安でいっぱい。安心感を持たせるため、子犬のペースでゆっくりと過ごさせます。いきなり遊びや抱っこでいじり回すとストレスになりかねません。大声で騒がず、見守る姿勢がベスト。

②2日目以降は休ませながら遊ぶ

性格にもよりますが、2日目以降の子犬はたいてい遊びを始めます。それでも睡眠は十分に。まだ心身に緊張があるので、興奮しすぎて疲れないよう、子犬のペースに合わせ遊びつつ適度に休ませます。30分ほど遊んでサークルへ連れて行けば、きっとすやすや眠るでしょう。

③遊びながらスキンシップ

遊びの中でスキンシップをいっぱい取り、ボディタッチに慣れさせます。足先やおなか、お尻など、体のどこを触られても嫌がらない子に育てることで、獣医師に診てもらう際などにも、のちのち面倒の少ない子になります。

子犬の入手方法は？

ブリーダーに相談する

その犬種のプロであるブリーダーさんは、心身ともに健康な子犬を提供し、後々の飼育の悩み相談にも乗ってくれる心強い存在です。ただし、中にはお金儲けのためだけや、無責任な繁殖をさせている人もいます。見極めは難しいですが、犬舎や親犬を見せてくれないところは怪しいかもしれません。どこを見られて、何を聞かれてもだいじょうぶとの自信がないことの表れだからです。

ペットショップで選ぶ

もっとも一般的な方法ですが、諸外国では店頭での生体販売を法律で禁止している国もあり、それだけリスクのある入手方法といえます。ひとつには、子犬の出どころがわからないこと。ふたつめは、早すぎる段階で母犬と離されているかもしれないこと。以上の2点をクリアしているショップなら、信頼性が高いといえます。

インターネットで探す

トイ・プードルの場合、「どうしてもこのカラーの犬がほしい」と、ネットを利用する人も多いようです。掲載されていた写真の子犬とは異なる、健康状態に問題がある、などトラブルが多発しています。それを受けて2012年に、ネット販売でも顔の見える取引をめざす「対面確認」や「現物確認」が義務づけられました。

準備③

飼い主さんとしての心得は

うまくいかないことも多い子犬育て。課題には忍耐強く取り組みましょう。

子犬ならではのよくあるトラブルとは？

子犬を迎えたとき、誰もが期待に胸をふくらませています。ただし、浮かれてばかりではいられません。

当たり前のことですが、犬は生き物なので、思うようにいかないこともたくさん出てきます。特に犬を初めて飼う人は、まだしつけが完全に入りきらない子犬の振る舞いに振り回されるかもしれません。トイレの粗相、夜泣き、イタズラは、多くの飼い主さんが悩まされる、よくある子犬のトラブルです。

これから愛犬と楽しく暮らすために、クリアすべき第一ステップととらえ、気長に、あせらず、取り組みましょう。

トイレトレーニング

教えたことはすぐ覚えるトイ・プードルですが、そうはいっても、トイレがなかなか覚えられなかったり、できたりできなかったりとむらのある子もいます。

1章 魅力
2章 準備編
3章 育て方（仔犬）
4章 育て方（成犬）
5章 暮らし

何度もトイレの失敗を繰り返されると、ガッカリしてしまい、思わず感情的に叱りがちですが、粗相を叱るのは厳禁です。排泄行為そのものを怒られたと感じてしまうからです。

目覚めた直後や、ニオイを嗅ぎながらくるくる回ったタイミングを逃さずにトイレに連れて行くと、だんだんできるようになります。

夜鳴き

家に来たばかりの子犬は、突然親兄弟から離れてひとりぼっちになった不安から、夜鳴きしてしまうケースも多いもの。

新しい環境に慣れるまでは、飼い主さんの気配が感じられる、同じ寝室内などに寝床を設置して寝かせ、小さな灯りをつけておくとよいでしょう。

不安げに鳴き始めたら、「だいじょうぶだよ」などと声をかけてやり、少しでも寂しさを和らげてあげましょう。

イタズラ

子犬は好奇心旺盛なので、家じゅうをあちこち探検します。その際、物を口に入れるイタズラには目を光らせましょう。

貴重品などをかじられては飼い主さん側が困る、迷惑だ、というだけでなく、誤飲すれば命にかかわる危険があります。犬にとっては牛皮のガムも、牛皮のバッグも違いはありません。かじられて困る物は手の届かない所に片付けましょう。

犬が嫌がる苦み成分のスプレーを吹きかける、かじっていいおもちゃをあらかじめ与えるなどの対策も効果的です。

叱っても　いい子にならない　犬育て

子犬育ての基本は、ほめて育てること。とはいえ、しっかり「ノー」を教える必要もあります。犬の行動学を応用したさまざまなトレーニングを、飼い主さん自身が学び、活用して、正しい叱り方をしましょう。怒りの感情をぶつけるだけでは、子犬に何も伝わりません。

生涯費用、どのくらいかかる？

トイ・プードルを飼うなら、相応の出費があると知り、備えましょう。

トリミングにおしゃれにお金がかかる犬種

トイ・プードルは、少なからぬお金のかかる犬種です。放っておくと毛が伸び続けるため、月に1回程度の頻度でトリミングサロンに通うことになります。おしゃれが楽しい犬種なので、ウェア代にもお金をかける人が多いです。

トイ・プードルのような小型犬は、食事量は少ないものの、毎日のフード代は確実に家計に影響します。トイレシーツ、グルーミンググッズ、おもちゃなどの消耗品や日用品も、犬を飼ううえで欠かせません。夏と冬には、留守番時にエアコンをかけっぱなしにするため、光熱費もかさみます。

忘れてならないのが医療費です。1頭にかかる医療費は、生涯では相当な額になるともいわれます。

賠償金の請求もあり得る他人への迷惑トラブル

鳴き声がうるさい、といった苦情が、近隣住民とのトラブルに発展するケースはめずらしくありません。耐えかねると判断されれば騒音被害となり、裁判沙汰にもなり得ます。犬の所有者である飼い主さんは、賠償金を請求されかねません。近所づきあいを良好に保ち、法定争いを避けるためにも、犬のしつけや管理の徹底を心がけましょう。

犬暮らしでかかる基本の費用

準備時

●子犬の購入費用
●準備アイテム購入費

子犬の値段はさまざまですが、かなり高額です。サークル、トイレ、ハーネスなど日常で使うグッズは、ざっと２万円以上はかかります。畜犬登録、予防接種、健康診断も最低２〜３万円は見ておきましょう。

毎月かかるもの

●ドッグフード代
●ペットシーツ代
●トリミングサロン代

毎日の消耗品である、フードやおやつ、ペットシーツで、１万円前後になります。トイ・プードルは毛量が多いため、カット料金は、小型犬のなかでは料金が高めに設定されています。シャンプー、さらには爪切り、肛門絞りなどのオプションもつければ6000円ぐらいはかかります。

年にかかるもの

●狂犬病予防接種費用
●フィラリアワクチン接種費用
●混合ワクチン接種費用
●ノミ・ダニ予防費

毎年春は狂犬病予防接種（3000円台）が義務。併せて感染症やフィラリアの予防も行うのが一般的で、健康診断やノミ・ダニ予防薬も加えると３〜５万円ほど。このように、春にはまとまった出費があるので、備えておきましょう。

お出かけ費用も計算にいれると◎

トイ・プードルは、一緒にお出かけしやすい犬種ですので、外出にまつわるイベント参加費、交通費、宿泊費などもかかります。

比較的高額な出費では、しつけ教室代、去勢避妊手術代などが挙げられます。

子犬期は、トイレの失敗でじゅうたんを汚してクリーニング代がかさんだり、ソファを汚して買い替える、なんて、思わぬ出費も覚悟しておいたほうがよさそうです。

ペット保険を有効活用しよう

自費診療のため、手術や入院となれば高くつく動物医療ですが、近年はペット保険が充実してきています。加入すればいざというときに安心。加入時の年齢制限など、各社サービスが異なるので十分な比較検討を。

信頼できる病院とのつきあい方

愛犬の健康について、何でも相談できる動物病院があれば安心です。

何でも相談できる獣医師を見つけよう

犬の健康を守るため、いつでも足を運べる動物病院を見つけておくことはとても大切です。ワクチンや健康診断の機会を利用して実際に足を運び、信頼できる病院を探しておくと、いざというときも慌てずに済みます。愛犬のことをよく知る、かかりつけの獣医師を見つけましょう。

ただし、どんなに良い病院でも、飼い主さんの協力なしでは、効果的な診察・治療を行うことは困難です。愛犬の様子、普段とどう違うのかなどを、獣医師に積極的に伝えることで、獣医師も愛犬の具合を的確に判断することができます。その際、「何となく元気がない」と漠然と伝えるのではなく、「いつもは○○なのに、2日前から××です」と、食事や排泄の量、回数などを具体的に説明するとわかりやすくなります。

最近は、他の病院でセカンドオピニオンを仰ぐことも普通になってきました。治療を続けているのになかなか回復が見られない場合は、そうした選択も検討してみてください。

夜間診療を行っている病院もチェックしておくと、いざというとき安心

信頼できる病院選びのポイント

- わかりやすくきちんと説明してくれる
- 信頼でき、相性もよい
- 大学病院とのパイプを持っている

技術や設備だけでなく、病院との相性も重要です。獣医師の説明は丁寧か、スタッフの対応は誠実かどうか、院内の雰囲気もチェックを。気軽に足を運べることも大切ですので、あまり遠くの病院はおすすめできません。

年に一度は病院で健康診断を！

人の4倍速で年を取る犬 定期的な健診が大切

犬は人よりも、ずっと早く年を取ります。犬の1年は、人間の4年～4年半にあたるとされ、そのぶん病気の進行も速くなります。病気を早期発見するためにも、最低でも1年に1回、中年～高齢になったら半年に1回の健康診断がおすすめです。

健康診断で受けられるメニューは、病院やコースにより異なりますが、基本の検査は血液検査で、内臓の状態を知ることができます。尿・便検査もすれば、なお安心です。問診や触診も行いますので、日頃気になっていることがあれば何でも質問するようにしましょう。

胸部や腹部のX線検査、心臓や腹部のエコー検査ができる病院もあります。まだ若くて健康であれば、必ずしも必要はないかもしれません。

犬と人間の年齢換算

トイプー（小型犬）の場合	人間年齢換算	トイプー（小型犬）の場合	人間年齢換算
1カ月	1歳	8年	48歳
2カ月	3歳	9年	52歳
3カ月	5歳	10年	56歳
6カ月	9歳	11年	60歳
9カ月	13歳	12年	64歳
1年	17歳	13年	68歳
1年半	20歳	14年	72歳
2年	23歳	15年	76歳
3年	28歳	16年	80歳
4年	32歳	17年	84歳
5年	36歳	18年	88歳
6年	40歳	19年	92歳
7年	44歳	20年	96歳

愛犬を病院ギライにさせないために

病院の診察台に載るだけで、寿命を縮めかねないほどのストレスがかかるのはかわいそう。普段から、病院が開催するしつけ教室などがあれば参加したり、病院で扱っているサプリメントやフードを購入する際には愛犬も連れて行き、雰囲気に慣れさせておきましょう。診察や治療のあとは、「よく頑張ったね」とほめてあげるのも忘れずに。

妊娠・出産は専門家に相談を

繁殖は、犬種のスタンダードを守る一大事業です。安易に考えないで。

大きな責任を伴う出産は専門家の指示を仰ごう

愛犬の血を分けた子犬を見てみたい。そう思う飼い主さんも少なくないでしょう。しかし、繁殖というのは、決して安易に考えるべきものではありません。

母体には当然、リスクがあり、出産時の事故の可能性も否定できません。また、一度に複数頭生まれてくる子犬のもらい手を、責任を持って探すのは簡単ではありません。

犬の繁殖は、純血種を守ることが大前提となります。スタンダードに沿った、正しい血統を受け継ぐことも重視してください。

出産を決断する場合には、トイ・プードルのプロであるブリーダーに手引きしてもらい、良い相手探し、妊娠時のケア、出産や育児の仕方などの知識を十分に得て臨みましょう。

また、初めての出産の場合、獣医師と緊密な連絡をとっておくことも必要でしょう。

出産を避けなければいけない犬もいます

繁殖にふさわしくない犬や、その犬の負担を考えた場合、妊娠・出産を避けるべき犬がいます。事実を冷静に受け止めて、あてはまる場合は交配をあきらめましょう。

- スタンダードを継承する上で繁殖が禁止されている特徴がある
- 遺伝性の疾患がある
- 小さすぎる
- 病気がある

妊娠・出産は専門家に相談を

オスの去勢、メスの避妊「かわいそう」って本当？

不妊手術をすることに対し、「体にメスを入れるなんてかわいそう」との考え方も根強くあります。しかし、性衝動に支配された状態は、犬にとってストレスに。その点、不妊手術を施せば、1年中平穏な精神状態で暮らせ、生殖器の病気予防にもなります。手術に伴う麻酔のリスクですが、近年の獣医療の発展は目覚ましく、ほぼ安全といって差し支えないでしょう。出産予定の有無を踏まえ、よく考えて選択を。

去勢・避妊手術どのくらいいかかる？

金額は病院によってバラつきがあり、手術の方法も複数あります。オスは3万円位、メス（入院が必要な場合もあります）も3～4万円位からが相場です。自治体によっては、料金の一部を補助金で負担してくれます。

去勢・避妊のメリット・デメリット

メスの場合

メリット

子宮蓄膿症、卵巣腫瘍、乳腺腫瘍といったメス特有の病気を予防できます。これらの病気は、命に関わることも多く、年を取ってから発症すると、治療するにも愛犬の体に負担をかけてしまいます。多頭飼いの家庭などでは、望まない妊娠を避けられるのも大きな利点。ヒート（発情）の出血に煩わされることもありません。

デメリット

肥満になりやすい体質になります。去勢したオスは攻撃性が薄れる現象がよく見られますが、メスについては、どう変化するかは個体差があるようです。いずれにせよ、性格がきつくなる（男性化傾向）、落ち着くなど、性格の変化が起きることがあります。

オスの場合

メリット

性衝動にまつわるストレスを抑えることができます。具体的には、興奮して絶えず落ち着かない、食欲が落ちる、マウンティングを繰り返す、攻撃性が強くなるといった問題行動を減らすことができます。「知らないうちに、愛犬の子犬ができちゃった」という、不要な交配を避けられるのも、もちろん大きなメリットです。精巣腫瘍、前立腺肥大、会陰ヘルニアなど、性ホルモンに関連する病気にもかかりにくくなります。

デメリット

ホルモンバランスの影響で、太りやすい体質に。手術する前よりもさらにしっかりと、食餌や運動量をコントロールして、体重管理に気を配る必要があります。

column 02

衝動買いはちょっと待って

人気犬種であるトイ・プードルは、ショップでも必ず売られていますし、まわりが飼ってるのを見てうらやましくなることも多いと思います。しかし、衝動買いに走るのは危険です。犬は生き物ですから、一度飼ったら責任を持って、最後まで面倒を見なければなりません。疲れていても、毎日散歩して、食事を用意して、という生活が 10 年以上続きます。犬が年をとれば、看護や介護が必要になるかもしれません。犬を飼うのはお金もかかります。日々の食費や、定期的なトリミング代、病気をすれば治療代も要ります。自分には、それでも犬を飼う覚悟があるのか。後悔しないためにも、きちんと考えてから犬を迎えるべきです。

犬を飼うと決めたら、時間をかけて、信頼できる入手先から、優良な子犬を選びたいものです。一目惚れで購入したはいいものの、健康に問題があることにあとで気づき、病院通いをしたり、早々に死んでしまうという話も後を絶ちません。

本当にその犬種でいいのかについても、きちんと考えるべきです。同じ犬でも種類が違えば、気質も、必要な運動量や手入れも異なります。これまで犬を飼った経験の有無、住居環境、家族構成、犬とどんな暮らしがしたいのかにより、適した犬種は変わってきます。犬を飼いたいなら、まずは冷静になって検討しましょう。

第3章

トーイ・プードルの
飼い方・育て方
～子犬編～

お手入れ、遊び、コミュニケーション。
最高にかわいい盛りを
一緒に楽しむコツとは!?

人間社会でのルールを教える

しつけは、人と犬が楽しく共生するために必要なものです。

社会で共生するための善悪を教えましょう

しつけとは犬に、人間社会で暮らすためのルールを教えることです。人に教わらなければ、犬には、して良いことと悪いことの判断はつきません。吠えたり咬みついたりする犬に育ってしまったら、まわりに大きな迷惑をかけてしまいます。しつけは犬自身のためでもあります。しつけられていないがために、問題行動を取り続け、そのたびに叱られるとしたら、このうえないストレスです。

しつけが入りやすいトイ・プードルですが、頭の良さから返ってずる賢くふるまうようになる子も。普段から信頼関係を築き、飼い主さんの指示に喜んで従う子に育てましょう。

覚える、覚えさせる子犬期が最適なわけ

子犬期は、精神、肉体の両面でとても重要な時期です。何にでも柔軟に対応できるので、しつけられることに抵抗感がなく、覚えも早いです。トイ・プードルは頭のよい犬種なので、何でも順調に習得できるはずです。

こんなときに役立つ基本のしつけ

アイコンタクト

まずは名前を覚えてもらいます。やさしくはっきりした口調で名前を呼び、目を見つめます。子犬がその場で立ち止まり、見つめ返してきたら、アイコンタクト成功です。どこにいても、名前を呼べば飼い主さんに注意を戻す練習となります。また、見つめ合うことで信頼関係が深まり、コミュニケーションがスムーズになります。

イケナイとヨシ

子犬が悪いことをした瞬間に、「イケナイ」と一言叱ります。感情的にならず、冷静に、その一言で済ませましょう。大事なのは、その行動の直前や直後に叱ること。タイミングを逃すと、犬は何を叱られたのか理解できません。また、指示に従うなど良いことをしたら、すかさず、「ヨーシ、ヨシ」と名前を呼びながらなでてあげます。

おすわりと伏せ

人間社会は、犬にとって興味津々なものであふれています。でも一緒のお出かけ先などでは、じっとしていてほしいもの。おすわりをマスターしておけば、興奮している犬にひと呼吸置かせることができます。おすわりができたら、伏せにもトライ。伏せの状態からの方が、次の行動に移すのに時間もかかり、制止がラクです。

家族での話し合いと部屋づくり

子犬がわが家にすんなりなじむよう、家族間で統一ルールを決めましょう。

しつけのルールを家族内で統一しましょう

犬のしつけを始める前に、家族で「方針」を決めておきましょう。同じ行動をとったのに、人によって叱られたり、何もいわれなかったりでは、犬は混乱します。そうこうするうち、家族の指示に従おうという気持ちさえなくしかねません。

名前の呼び方も統一を。子犬が聞き取りやすいよう、はっきりと発音します。

咬まない、ムダ吠えしないなどのしつけはマストですが、「わが家のルール」に関しては、各家庭で異なるでしょう。ソファに乗せてよいのか、ダメなのかなど、わが家ではどの行動がNGなのか、家族で話し合い、ルールに一貫性を持たせましょう。叱ったりほめたりするときの言葉も、「ダメ」「いけません」「いけないじゃないか」とバラバラでは、子犬にとって理解が難しくなってしまいます。言葉の意味を早く覚えてもらえるよう、指示語も統一しましょう。

お子さんのいる家庭ではよく、「あなたの犬なんだから、しっかりしつけるのよ」と、子供に犬の管理を一任する人がいます。もちろん子供が役割分担を守り、責任を持って犬の世話をすることは大切です。ただし、犬に対してリーダーシップをとるのは親御さん。頼りがいのある人がいてくれることで、犬は安心し、全幅の信頼を寄せます。一方、子供のことは友達と認識しているようです。

犬を飼い始めたら、飼い主さんは、「子供がもうひとり増えた」ぐらいの気構えで、犬と正面から向き合ってほしいものです。

トイレはどこに置くのがいいの？

ソワソワしたらすぐ連れて行けるよう、ケージから遠くない、同じ部屋の中に置くのが理想的。トイレの場所は一度決めたら、むやみに変えないこと。落ち着かない、暗すぎるなどの環境に置くのもやめましょう。

部屋の中に潜んでいる思いがけない落とし穴

子犬は体調も不安定で、体も未熟。それなのに、興味を持ったことには何でも挑戦しようとするので、思わぬアクシデントに見舞われがち。

輪ゴムや安全ピン、ヘアピンなどが落ちていると、誤飲につながります。子犬の目につかないよう、片付けておきましょう。片付けられない電気コードは、カバーをつけるなどして対策を。

また、トイ・プードルは身軽なので、気がつくとケージを乗り越えたり、ソファの背に登っていることもあります。落下・骨折につながらないよう、安全策をとりましょう。

子犬のときは、成犬以上に、室温にも気を配りましょう。快適な温度なら、子犬は仰向けや横向けなどでおなかを出して寝るので、温度管理の目安にしてください。

室内環境、こんなことに注意しよう

窓

外にいる鳥を見て興奮して飛び出してしまい、事故にあったり迷子にならないように、状況に応じてカーテンを閉めましょう。

エアコン

エアコンの風がケージに直接当たって、体冷えすぎたり、暑くなりすぎていないか注意を。

ソファ

飛び乗ったり、飛び降りたりと遊んでいるうちに、落下して体を打つ恐れがあります。事故防止のために、ローソファーがベストです。

サークル

ジャンプ力のあるトイ・プードルは、簡単に飛び越えることがあります。屋根つきタイプを購入すれば安心です。

家具

動きのバランスが悪い子犬が転んだり、顔をぶつけてもケガをしない、角の丸いものが望ましいです。

栄養

成長期に必要な栄養を十分に

子犬には子犬に合った栄養バランス、量、与え方があります。

育ち盛りの子犬には高カロリーフードが必要

日一日と成長する子犬期の食事をおろそかにすると、順調な発育を妨げる恐れがあります。

子犬の食事は、成犬の約2倍のカロリーと、人の4倍のカルシウム・タンパク質が必要です。また、未発達な体の機能にも対応できる、消化吸収の良いものが適しています。市販されている子犬用のフードは、子犬の健やかな成長に配慮されています。購入の際は、信頼できるメーカーのものを選ぶようにしましょう。

生後2～3カ月までは、ドライフードをぬるま湯か、人肌に温めた犬用ミルクでふやかして与えます。乳歯から永久歯に生え変わる生後5～6月頃までは、食事の回数は1日3回。その後は、少量のおやつを挟むなどしてならしながら、2回にしてかまいません。便の状態を見て、分量を調整しましょう。便がコロッとしていて硬いときは食事の量を増やし、軟らかいときは減らします。

子犬が家に来てしばらくは、それまでと同じフードを与えて体調を見ます。

犬に与えてはいけない食材を知る タマネギ、チョコレートは絶対ダメ！

タマネギをはじめとするネギ類は、犬の体内に入ると赤血球を壊し、最悪、死に至ることもあり。心臓や中枢神経に悪影響を及ぼすチョコレートも、ほしがっても絶対あげてはいけません。イカ、タコ、エビなどの甲殻類、貝類や、香辛料などの刺激物などもNGです。塩分の多いハム類や、ブドウやレーズンも与えないでください。

puppy food QA

子犬期の食事Q＆A

Q1 ドライとウェットってどう違うの？

A1 ドライフードは比較的安価、歯みがき効果がある、ウェットフードは嗜好性が高く、軟らかいので子犬も食べやすい、などのメリットあり。どちらも、成長期に必要な栄養やカロリーに配慮した、子犬用のものを選びましょう。将来、ペッホテルや病院などでどんな食事が出ても食べられようにしておきたいものです。

Q2 ミルクから離乳食に上手に移行する方法は？

A2 生後20日〜2カ月ぐらいが、離乳食を与える時期の目安です。高タンパク質、高カロリーの離乳食が市販されていますので、利用するとよいでしょう。母乳やミルクからいきなり切り替えず、少しずつ離乳食の割合を増やします。最初は口のまわりや、上あごに少量つけてやり、なめさせれば、徐々に慣れます。

Q3 なぜか食べてくれないそんなときの対処法は？

A3 ある日突然食べなくなった場合は、体調が悪い可能性が疑われます。病院で診てもらいましょう。部屋の模様替えなど、環境の変化にストレスを受け、突然食欲が落ちてしまうこともよくあります。フードにお湯をかけて、匂いで食欲をそそったり、少量の肉やヨーグルトなど嗜好性の高いものをトッピングするなど工夫してみて。

Q4 フードを上手に切り替えるには!?

A4 子犬を迎えてしばらくは、それまで与えていたのと同じフードを、同じ回数と分量であげましょう。他のフードにすぐ切り替えると、体調を崩す恐れがあります。新しい環境に慣れてきたら、2〜3週間かけて、ゆるい便や下痢、嘔吐などの問題がないかどうか確認しながら、少しずつ新しいフードを混ぜながら切り替えましょう。

Q5 食事のトラブルどんなものがある？

A5 よくあるのが、目を離したすきに、チョコレートを大量に食べてしまい、ショック状態や急性心不全を起こしてしまうトラブルです。ジャンプが得意なトイ・プードルですから、犬の届かないテーブルの上に置いたつもりでも、盗られてしまうかもしれません。食料やおかしは、戸のついた食器棚に保管するなどしましょう。

Q6 市販のフードではなく手づくりにしてもいいの？

A6 手づくり食には、材料がわかるので安心、量や中身を調整しやすい、愛犬に手間をかけてあげることで喜びを感じる、などの利点があります。人間と犬では、必要な栄養素や、害になる食材も違います。また、子犬に必要な栄養やカロリーは、成犬とは違います。手づくり食の本を買って、きちんと勉強してからチャレンジしましょう。

楽しい散歩でリフレッシュ

待望の散歩デビュー。少しずつ慣らして、外歩きの喜びを教えましょう。

子犬にとって散歩は生きた社会勉強の場

「トイ・プードルを飼ったら、将来、一緒にお出かけしたい」と思い描いている人も多いことでしょう。普段の散歩は、知らない場所を訪れても楽しめる子にするための第一歩となります。

というのも、散歩の目的は運動と思われがちですが、じつはそれだけではありません。散歩は、特に子犬にとって大切な社会勉強の場となります。外の世界は、さまざまなニオイ、他の犬や飼い主さん以外の人など、家の中にはない刺激でいっぱいです。毎日の散歩を通して、こうした未知のものに触れても平気でいられる犬になります。

予防注射を済ませてから待望の散歩デビュー

散歩は、さまざまな音やニオイ、感触を体験することで、心身をリフレッシュし、脳の活性化にもつながります。

ただし、ワクチン接種が終了する前に散歩をすると、感染症にかかる危険がありますので絶対に避けてください。2回目（動物病院によっては3回目）のワクチンが終了して2週間ほどたち、獣医師のOKが出たら、いよいよ散歩デビューです。

子犬のうちは首輪よりも、ハーネスがおすすめです。胴体の広い面で支えるため、体にかかる力が分散され違和感が少なく、急にスポッと抜けたりせず安心です。

小さい頃から散歩に慣れれば、どこに行っても臆せずふるまえる犬に成長します。

通気性も確保しながら防水加工を施したマナーベルトは、お散歩やドッグランに行く際など一枚あると便利。

1回目のワクチンが終わったばかりなら

地面に降ろさず、抱っこして家のまわりを散歩しながら、外の世界に慣れさせておくと、本格的な散歩デビューがスムーズに。外の景色や匂いなど、何もかも新鮮に映り、子犬の好奇心を豊かにくすぐるはずです。

まずは家の中で練習しリードに慣れさせよう

散歩を始める前に、まずは家でハーネスをつけて、つけ心地を体験させましょう。抵抗があるようなら、最初はリボンで代用してもよいです。食事中につけると、子犬は食べることに集中しているため、あまり抵抗しません。慣れてきたらリードをつけ、愛犬と視線を合わせてやさしく「オイデ」と声をかけながら、少しずつリードを引いてみます。そこで動かなくても、無理にリードを引っ張ることはしないでください。

リードに慣れてきたら、外に出てみましょう。初めて見る世界に怖気づき、足がすくんで動けなくなる子もいます。穏やかに励ますような口調で、名前を呼びかけながら、少しずつ歩く喜びを知ってもらうようにしましょう。

散歩時のお散歩バッグはちゃんとしてますの目印に

排泄やマーキングをしてしまったら、バッグから消臭用の水の入ったスプレーをサッと取り出して流したり、公共の場ではウェアを取り出して着せたり。散歩用グッズをバッグに一式揃えておけば、他の人たちの迷惑にならず、「エチケットを守った飼い方をしていますよ」との、まわりへのアピールにもなります。誘導用おやつ、カフェマット、懐中電灯など、必要に応じて持ち歩きましょう。

1章 魅力
2章 準備編
3章 育て方(仔犬〜)
4章 育て方(成犬〜)
5章 暮らし

散歩ルートに変化をつけ子犬の経験値を増やそう

散歩デビューは、天気のよい温かい日に、近くの公園など、交通量の少ない場所を選びます。

その後、散歩内容に少しずつ変化をつけていきます。いつもより1本手前の道で曲がってみるだけで、世界はガラリと変わり、犬には新鮮です。アスファルトや芝生の公園、車、人混みなど、将来出会うことになる事柄を、少しずつ体験させましょう。

散歩に出ると嬉しくて、帰りたがらない犬もいます。しかし、生後5～6カ月では、骨格が不十分なため、長すぎる散歩は体に負担となります。適度なところで切り上げましょう。トイ・プードルの場合は、階段などではジャンプして骨折しないよう、気をつけましょう。

散歩中はノミ・ダニのいる草むらや、他の家の花壇など、近寄らせたり入ってほしくない場所があります。子犬が横に引こうとしたら、反対方向に軽くクイッと引くことを繰り返し、まっすぐ歩くことを教えましょう。

散歩体験を共有することで、飼い主さんへの信頼が深まります。

いろんな音や物に慣れさせよう

●自販機のガチャン音
犬は反響音が苦手です。自然界では起こりえないため、「天変地異の前兆か？」と思うほど不安に。愛犬の目の前で、飼い主さんが買い物をしてみて、音に慣らしていくようにしましょう。

●踏切の音
救急車のサイレンや雷の音なども、苦手な子は多いもの。抱っこして踏切のそばに連れて行き、なごやかなムードで一緒にいれば、犬も「騒ぐほどのことでもない」と理解し、過剰反応しなくなるはずです。

●マンホールのフタ
犬にとっては、地面に開いた穴のように見えて不気味。微量の臭気が立ち上り、鉄の感触も違和感があります。おやつで誘導し、足を一歩載せたらほめておやつを与えるなどして克服を。

●自転車の呼び鈴
驚いて吠えかかる犬がいますが、転倒事故を誘発する恐れがあり大変危険です。マテのコマンドを教え、呼び鈴に反応しようとした瞬間、マテをさせます。やり過ごすことができたらほめるを繰り返します。

飛びつき事故を防ぎマナーを守って散歩を

近隣住民のあいだで苦情となりやすいのが、糞尿のトラブルです。人の家の前や花壇で、平気で排泄をさせている、マナー知らずの一部の飼い主さんのせいで、世の中に犬嫌いな人を増やしているとしたら悲しいことです。室内飼いが主流のトイ・プードルですから、理想は室内トイレの徹底を。せめてシーツの上でできるようにしつけましょう。

トイ・プードルで注意したいのは、散歩中に出会った物や人に飛びついてしまうことです。通り過ぎる自転車や、他の人に、突然勢いよく飛びかれては、いくら力の強くない小型犬といえども事故のもとです。オスワリやフセ、呼び戻しなどを教えて、犬の行動を、飼い主さんがいつでもコントロールできるようにしておきましょう。

こんなときどうしたらいいの？

座り込んで動かない

散歩コースに怖い犬がいたり苦手な場所がある。抱きグセがついてしまい、自分で歩くのが面倒に。そのような理由で、散歩の途中で頑として動かなくなることがあります。苦手があれば、おやつなどを使って徐々に慣れさせ、抱っこグセがついている子は、遊びを取り入れたり、優しく励ましたりしながら、散歩する喜びを教えてあげましょう。

子供たちに囲まれた

子犬は行く先々で人気の的。しかし、急な動きをする子供は、子犬にとって苦手意識を持ちやすい対象です。まずは子犬を抱っこして守り、子供たちには、犬と仲良くなる方法を教えてあげましょう。握り拳を犬の顔の前に差し出し、ニオイを嗅いでもらいます。挨拶が済んだら、アゴの下から首筋にかけて静かになでてもらいます。

子供と最初に接したときの状況により、恐怖を植えつけられるか、子供も大好きな犬になるかが決まります。

犬見知り、人見知りのない犬に

生後13週ぐらいまでの社会化期は順応力が抜群です。

社会化不足の怖がり犬は毎日がストレスばかり

社会化とは、犬が人間社会に適応して暮らせるように、社会における物事に慣れさせることです。社会における物事とは、他の犬、家族以外の人、初めて見る物や場所など、犬を取り巻くあらゆるものを指します。

社会化ができていない犬の生活は、気の毒なものになります。散歩で知らない人とすれ違うだけでビクビクし、ちょっとした物音に怯えきってしまう。このように、一歩家を出れば苦手なものだらけ、という状況では、それだけで寿命を縮めるようなもの。飼い主さんと初めての場所に、お出かけを楽しむ心の余裕など、あるわけがありません。

貴重な時期を逃さずたくさん体験させよう

生後13週齢ぐらいまでは「社会化期」と呼ばれます。この時期は好奇心の塊で、未知の世界にも興味津々。新しいことをスムーズに吸収します。ところが年を重ねるごとに、警戒心が好奇心を上回ります。

犬はまず、親兄弟犬のもとで過ごし、犬同士のコミュニケーションの取り方を身につけることが大切です。その後、わが家に来たら、外の世界とたっぷり接触させて、人間社会に順応させましょう。

社会化をしっかり育み、犬のストレスの山を低くしてあげれば、その後の愛犬との暮らしがよりよいものになるはずです。

子犬期の社会化が、その後の犬生を決める!?

子犬期に体験したことが、その子の性格や感じ方を大きく決めてしまうといわれるほど。嫌な体験をすると、トラウマになりやすいのも子犬期です。トイ・プードル本来の朗らかな資質を伸ばすも損なうも、社会化の成否にかかっているといえます。

社会化を身につけ快適に！

人見知りをなくすために

さまざまななタイプの人に会わせて人と触れ合う楽しさを教えよう

散歩途中で会う人にお願いしてなでてもらったり、友人を自宅に招き、おやつを少量あげてもらうなどして、かわいがってもらいましょう。子供や男性、作業服を着た人などを苦手とする犬も多いので、わざといろいろなタイプの人に来てもらうとよいでしょう。友人に、帽子をかぶるなど服装を変えて来てもらうのもひとつの方法です。

犬見知りをなくすために

パピーパーティに参加したり犬が集まる場所にお出かけしよう

散歩やドッグラン、オフ会などの場を積極的に利用して、他の犬と会う機会を作ります。プロの手引きのもと、子犬同士が触れ合い社会性を身につけるパピーパーティや、犬の幼稚園を利用するのもおすすめです。ただし、親兄弟から早く引き離された犬は、他の犬と接し方がわからない傾向がありますので、慎重に引き合わせましょう。

いろんな物に慣れさせよう

普段から変わった物を見聞きさせ不思議体験の経験値を積もう

音、ニオイ、動き。刺激物に対し、苦手意識がつく前に、意識的に体験させておきましょう。犬が警戒心を抱いていたら、抱っこして無理のない範囲で徐々に接近する、少しずつ触れさせてほめるなどの方法で慣らします。トラウマを引き起こしかねないため、無理強いは禁物です。飼い主さんが穏やかな態度でいれば、犬も安心します。

お手入れで健康と美を手に入れる

お手入れするほどに、チャームポイントのコートが美しさを増します。

お手入れデビューは楽しく和やかな雰囲気で

トイ・プードルのお手入れの中で、もっとも重要なのはブラッシングです。トイ・プードルは抜け毛の少ない犬種といわれますが、厳密には、細い巻き毛が密生して生えているため、抜けてもからまったまま落ちてこないのです。そこで、毎日のブラッシングを怠ると毛玉ができたり、皮膚トラブルを引き起こします。

ブラッシングを嫌がらないようにするために、まずは普段の遊びの中で、足に触れたり、お腹をなでたりと、少しずつ体に触れることに慣れさせましょう。

トイ・プードルはスリッカーブラシを使いますが、最初はお尻など顔から離れたところに当てます。抱っこして目と目を合わせ、「いい子だね」などとほめて安心させながら当ててましょう。この要領で、毎日少しずつ時間を延ばしていけば、やがてブラッシングの心地よさに気づき、お手入れを楽しみにするようになります。お手入れ全般にいえることですが、もし子犬が嫌がるようなら、無理をせず、その日はやめにしましょう。

子犬期のお手入れはいつから始める？

トイ・プードルは、生後2〜3カ月ぐらいから、まずはコームで被毛をとかすお手入れを始めます。家に来た早々、いきなりお手入れ三昧では、犬も恐怖心がわき、受け入れられません。ある程度信頼関係ができてから、犬にとって無理のないペースで、少しずつお手入れの種類を増やしていきましょう。

ブラッシングの手順

スリッカーは優しく

毛玉の上手なほぐし方 他にも

ワキの下と耳は、特に毛玉ができやすい部分です。毛玉で固まっている場合は、スリッカーブラシで被毛の前後左右に毛をほぐし、その後、毛の上の方から下へととかすとうまくほぐれます。

コームは仕上げで

(1) スリッカーブラシは軽く持つ

スリッカーブラシは、強い圧力をかけると犬が痛がりますので、軽く持ちましょう。毛をかきわけてブラシをそっと当て、引っ張るときに力を入れます。皮膚を傷つけないように、皮膚と平行にかけていきます。初めは毛先、徐々に中、そして根本の方からとかしていきます。

(2) 全身をまんべんなく

しっぽは表と裏を、背中に向けてとかします。足は手で持ちながら、表と裏、まんべんなく。ワキも足を持ってとかします。お尻は、カーブに沿ってブラシを動かしましょう。胴は上から下へととかしていきます。

(3) 内股はコームで

内股は毛が柔らかいので、ブラシではなくコームを使います。コームは、端を指で持ちます。目の粗い部分と細い部分がありますが、内股は、目の粗いところでとかしましょう。

(4) 喉や頭は優しく

喉の部分はデリケートなので、頭を動かさないように押さえ、毛並みにそって優しくとかしましょう。嫌がる頭のブラッシングは最後に。頭の毛は柔らかいので、やはり頭を固定しながら、ブラシの角を使って優しくとかします。

(5) コームで仕上げよう

スリッカーブラシでとかし終えたら、コームで仕上げましょう。皮膚に対して垂直に差し入れ、そのままの角度を保ちながら、毛の抵抗感がなくなるまでとかして毛並みを整えます。

左から、スリッカーブラシとコーム(クシ)。

こまめにしたい3つのケア

被毛以外のパーツのお手入れも習慣に

パッドをチェックする

Pad care

地面に直接ふれるパッドは、ケガをしやすいパーツですが、意識しないと飼い主さんの目にふれにくいものです。散歩から帰ったら、小石が挟まっていないか、ガラスなどを踏んで出血していないか確認しましょう。汚れていたら足だけでも洗ってあげましょう。爪が伸びているとパッドの裏に食い込むので、伸びてきたら爪切りしましょう。

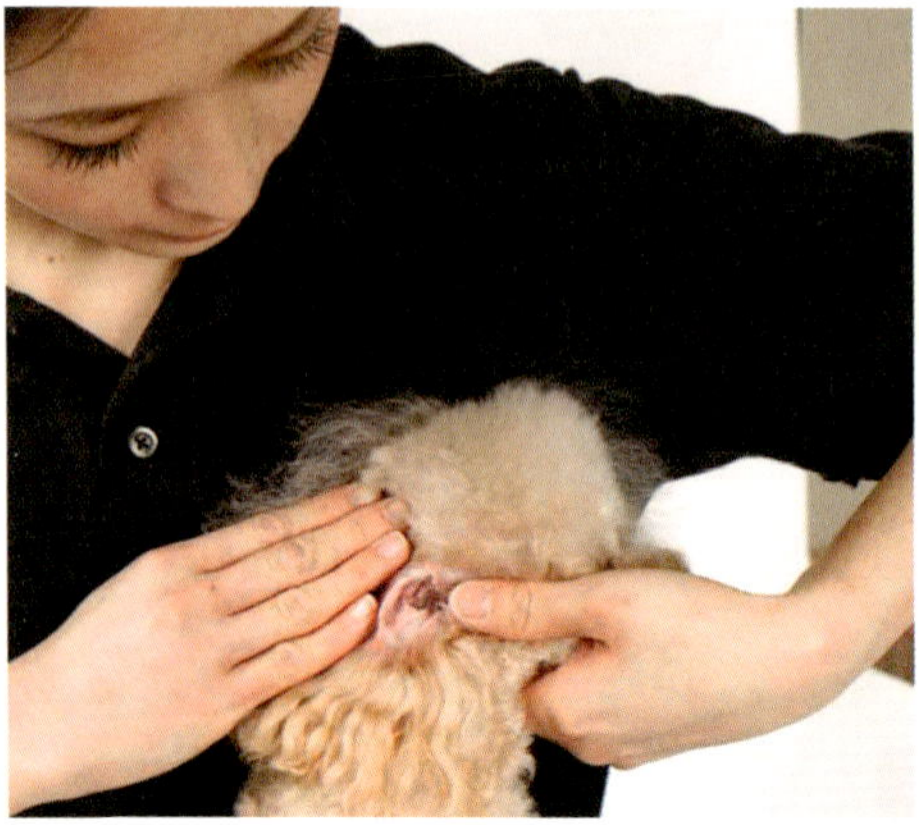

耳のケア

Ear care

垂れ耳で、耳の中に毛が生えやすい犬種なので、手入れを怠ると病気のもとになります。耳をめくり、コットンなどで耳の縁の汚れを取ってから、綿棒にイヤーローションを垂らして耳の穴を拭きましょう。また、月に1回ぐらい、耳の入り口付近の毛を鉗子で抜いてください。鉗子は耳の中の皮膚にぴったり付けて、少しずつ抜いていきます。

目元のお手入れ

Eyes care

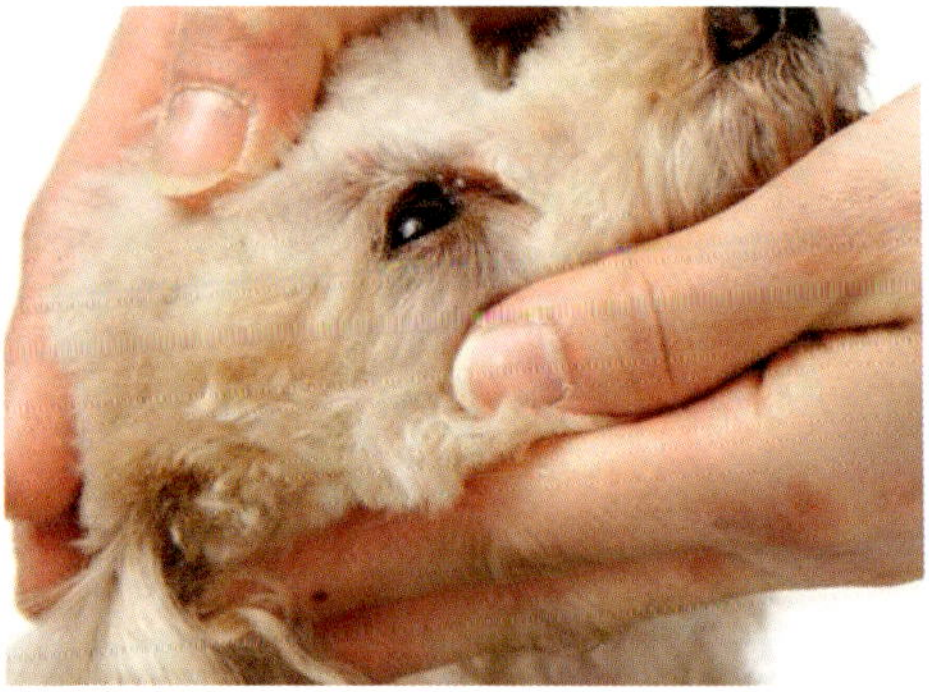

散歩から帰ったら、コットンに水を含ませて、目のまわりの汚れを拭き取ります。異物が入っていたら、目薬で洗い流します。トイ・プードルは涙やけの子が多いもの。病院で治療を受けながら、家でもお手入れを。片手で顔をしっかり包み込み、固定して、もう片方の手でぬぐいます。ただし子犬に無理強いは禁物。嫌がったらやめましょう。

1章 魅力
2章 準備編
3章 育て方(仔犬〜)
4章 育て方(成犬〜)
5章 暮らし

シャンプーは定期的にコツを押さえて手際よく

毛量の多いトイ・プードルは大変そうだから、シャンプーはサロンにお任せ、という人もいますが、自宅でまめに洗えば皮膚を清潔に保ち、古い皮脂や雑菌が生み出す犬のニオイを抑えることができます。

ただし洗いすぎも皮膚に負担。頻度は月に2回ぐらいが目安です。子犬の場合は、マイルドな子犬用シャンプーを使いましょう。

洗う前にコームで全身をとかします。トイ・プードルはいくらルーツが水猟犬といっても、最初からシャンプーが得意な子はいません。なるべく静かに、手際よく行いましょう。シャンプーの後はタオルで水気をしっかり拭き取ってから、ドライヤーで乾かします。乾かし残りがあると、体調を崩したり、皮膚病を招いたりするので、毛を起こして、根元から風を当ててください。

シャンプー後は、耳の中も毛を抜いて、綿棒で拭いておきましょう。

おしゃれ犬の名に恥じないお手入れを

被毛はトイ・プードルの最大の魅力ですが、もつれやすいという弱点があります。そのため、お手入れをしないと、全身ボサボサ、毛玉だらけで、じつにみすぼらしい姿に。でも手をかければ、みちがえるほどゴージャスな輝きを放ちます。要は、お手入れのしがいがあるということです。日々のケアに努め、誰にでも愛されるおしゃれ犬を目指しましょう。

シャンプー時の体を洗う順番

ぬるま湯に設定し、まずは足の先から濡らし始め、その後ボディ、最後に頭を濡らします。飛び出してくる水で怖がらせないよう、シャワーヘッドは犬の体に密着させせます。シャワーのお湯を直接当てず、スポンジにお湯を含ませて濡らしていくのもよいでしょう。足のつけ根、おなかなど、洗い残しのないように。

シャンプー嫌いな子にしてしまわないよう、嫌がる顔まわりは特に慎重に洗うようにしましょう。

愛され飼い主になるために

心のキャッチボールをしながら、信頼関係を育みましょう。

犬の心を掴んで離さないコミュニケーション術

毎日食事を与え、散歩させているからといって、犬は無条件に飼い主さんに信頼を寄せるわけではありません。トイ・プードルは頭がよいので、何となく接しているだけでは、単なるお世話する人と見なされかねません。犬の習性を知り、愛される飼い主さんになる努力が日々不可欠です。「この人、大好き！」と思われることで、絆は無限大に深まります。犬に愛されるためには、犬を上手にリードし、正しくコミュニケーションをとれることがポイントです。人の言葉を話すことができない犬との意思疎通をうまく図るには、いくつかのコツがあります。

よい行いをするとちゃんとほめてくれる

よいことをして、大好きな飼い主さんにほめられること。それは犬にとって無上の喜びです。最初はオスワリするたびにほめていたのに、しばらくすると当たり前になり、ほめるのを忘れがちになる人も多いもの。これでは犬も不安になります。こまめにほめて、愛犬を喜ばせてあげましょう。

おもちゃを使うなどして一緒に遊んでくれる

遊びにおける、走ったり、追いかけたり、捕まえたり、噛んだりする行動は、犬の狩猟本能を掻き立て、気持ちを満たします。物覚えも運動神経もよいトイ・プードルは、知的で高度な遊びを求めています。そんな遊びを提供してくれる飼い主さんには、尊敬の念を抱くものです。

楽しい遊びを知っている飼い主さんは尊敬の対象

遊ぶことが嫌いな犬はいません。遊びにおける、走ったり、追いかけたり、捕まえたり、噛んだりする行動は、狩猟本能を掻き立て、気持ちを満たします。そんな遊びを提供してくれる飼い主さんには、尊敬の念を抱くもの。飼い主さん自身も一緒になって楽しむことで、絆も深まります。

してはイケナイことをきちんと教えてくれる

何をしてはいけないのか。教えてもらわなければ、犬にはわかりません。わからないがためにNG行為をして、そのたびに叱られるのは、犬にとって大きなストレスです。わが家の決まりごと、外に出たときのマナーなど、人間社会で暮らすためのルールを教えてくれる人に、犬は信頼を置きます。

揺るぎない存在感で いつも安心させてくれる

犬といえば「いつも元気いっぱい」のイメージですが、本来は臆病で寂しがり屋。この世界で安心して暮らせるよう導いてくれる人を求めています。いつも一貫した態度と愛情で、そばにいてくれる飼い主さんのことを、心から慕うようになります。

絶妙のタイミングで ごほうびをもらえる

しつけをクリアしたときなどに、おやつをもらうことで、犬のやる気はがぜんアップ。飼い主さんへの指示にますます積極的に従うようになります。ちなみに、「おやつが好きだから」などの理由でダラダラあげても、飼い主さんの株はあまり上がりません。

ルールがはっきりしており 態度に一貫性がある

同じことをしたのに、ある時は叱られて、ある時は何も言われない。前、ほめられたからと、張りきって同じことをしたら反応なし。こんな飼い主さんでは、犬は「この人に認められたい」との意欲をなくしてしまいます。一貫した態度で臨みましょう。

どうすればよいのか わかりやすく伝えてくれる

犬への意志伝達は、シンプルでわかりやすくすること。指示に従ったその瞬間、おやつが出てくれば、「飼い主さんは、こうしてほしいんだ」と理解できます。飼い主さんの思いを犬が正確に受け止めることの繰り返しで、パートナーシップが築かれます。

愛犬とのお散歩は
絆を深める
最高のシチュエーション

遊びの中にしつけを取り入れる

基本のしつけから、飼い主さんとの関係まで。遊びの中で学習します。

飼い主さんとの関係性も遊びを通して身につく

子犬は遊ぶことが大好き。人間の子供と同様、遊びを通して豊かな心と体を育みます。

遊びに夢中になっているとき、犬はものすごい集中力を発揮しています。「もっと遊びたい」との強い気持ちを利用して、さまざまなことを学ばせるチャンス。ヨシ、イケナイ、オイデ、マッテなど基本的なしつけは、特別なトレーニングをしなくても、遊びの中で教えられます。

遊びの中で、飼い主さんがリーダーシップを発揮することにより、正しい関係性も学ばせることができます。例えばロープの引っ張りっこでは、人が勝ち、ロープを取り上げた状態で終わること。遊びの主導権を握ることで、普段の生活でも犬をコントロールできるようになります。ただし子犬は疲れやすく、体力温存という概念もありません。「遊んで攻撃」に負けていつまでも遊び続けていると、グッタリ疲れて体調を崩す恐れがありますので、疲れすぎない時間で切りあげましょう。

おもちゃを使った遊びの時間は、子犬の場合5分ぐらいが目安です。

覚えておきたい、遊びのときのルール

●おもちゃは出しっぱなしにしない
飼い主さんが、「いよいよお待ちかねの、遊びの時間ですよ」と取り出すからこそ、魅力あるアイテムとして映り、遊びたい気持ちが盛り上がります。

●遊びの開始、終了は飼い主さんが決める
犬との生活で、リーダーシップを握るのはいつも飼い主さん。遊びの時間を設定し、終了の時間になったらおもちゃを回収して、きちんと終わらせましょう。

●特別なおもちゃはとっておく
愛犬にとってスペシャルなおもちゃは「奥の手」として取っておき、留守番をさせるときに与えるなど、ここぞという時に使うと絶大な威力を発揮します。

●遊びを通してマナーを教えよう
例えば、「部屋の敷居から向こうには行かない」という遊びを日頃していれば、旅行先で、他の部屋などに入らないなど、マナーを守って行動させられます。

おもちゃを使った遊び

おもちゃには、犬がひとりで取り組むものと、飼い主さんと一緒に遊ぶタイプがあります。前者は、中に詰めたフードを自力で取り出すことで頭脳トレーニングができる知育玩具や、噛むおもちゃ、後者はボールや、引っ張りっこできるロープなどです。2つの紙コップのどちらにおやつを入れたかあてさせるなど、工夫次第で遊びの世界は広がります。

愛犬の好きなおもちゃはどのタイプ？ いろいろ試してみましょう。

お腹を触らせる服従ポーズも取らせて、人が上位だと教えましょう。

触ってあげる遊び

愛玩犬として改良されたトイ・プードルは、飼い主さんと一緒にいることを好みます。全身をくまなくさわってスキンシップを楽しみましょう。野生動物にとって前足は、失うと死に直結するため、触らせるのを特に嫌がるパーツです。前足、そして肉球、マズル、歯など、犬が苦手なところも触ることに慣れさせましょう。

しつけ

賢いからとしつけの手抜きは×

頭のよい犬種だからと油断せず、しつけに取り組みましょう。

ほめて、叱って ワガママ犬を作らない

流行の犬種であり、初心者にも飼いやすいということもあって、「初めて飼う犬がトイ・プードル」という人も多いのでは。子犬はあっという間に大きくなってしまいます。かわいいからとちやほや甘やかしていたら、ワガママ犬に成長していた。そんな悲劇を起こさないよう、正しいしつけを行いましょう。トイ・プードルがいくら頭のよい犬種といっても、教えてもらわなければ善悪はわかりません。教え方は簡単。いいことをしたらほめ、悪いことをしたら叱るを繰り返せば、してよいことと悪いことを学習します。

折にふれ体を触り、どこを触っても嫌がらない犬に育てることも大切です。飼い主さんの前では体を簡単にさらけ出すようでなければ、信頼関係は不完全。先々、いうことを聞かないなど困った場面が出てきます。

犬は野生時代の本能から、前足を触られるのを特に嫌がります。前足を失うと、一歩も動けず、死に直結するからです。

また、口を強引に開けさせられるのも嫌がります。前臼歯の位置に指を入れ、もう一方の手で下アゴを下げると無理なく開けられますので、優しく声をかけながら、開けさせることに慣れさせましょう。

ほめ言葉も叱り言葉もメリハリをきかせて発声します。だらだらといっても、犬は混乱してしまい、理解ができません。

上手なトイレのしつけ方　3ステップ

12
3
6
9
W.C

1 尿意をもよおすタイミングを逃さずトイレへ誘導

子犬は睡眠のあと、目が覚めてすぐ尿意をもよおします。起きたタイミングを逃さず、トイレに連れて行ってください。においを嗅ぎながらくるくる回ったときも、排泄する合図ですので、同様にトイレへ。最初はなかなかできなくても、繰り返すことで、子犬はなぜそこに置かれるのかを考えるようになり、できるようになります。

そろそろもよおしてくれるかな…

2 それでダメなら体を動かしてから再びトイレへ

1のステップを繰り返していると、子犬の中には横になり、トイレで寝てしまう子もいます。未使用のトイレシーツは柔らかく、さらりとして肌触りがよいため、ここで寝るのが気に入ってしまう犬も案外いるものです。そんな場合は、一度抱き上げて遊んであげてから、再びトイレに戻すと、ほとんどの子犬が上手にできるようになります。

ちょっと!!
どこでしてんの!!
ダメでしょ!!

3 失敗しても叱らず穏やかな気持ちで取り組もう

トイレを覚える早さには個体差があり、なかなか覚えられない犬もいます。しつけが入りきっていない子犬が粗相をしたからと、叱りつけると、子犬は叱られたくない一心で、ベッドの下などで、隠れて用を足すようになります。トイレのことで飼い主さんがヒステリックになるのは逆効果です。おおらかな気持ちでしつけましょう。

トイ・プードルの気になる病気を知ろう

病気の正しい知識を身につけて、早期発見に努めましょう。

健康を守るために小さな異変を見逃さない

犬の寿命が伸びた現代、病気と無縁でいられる犬はほとんどない、といっても過言ではありません。

病気の中には、予防すればかからずにすむものもあります。また、予防はできなくても、早期発見して治療にあたれば、進行を遅らせたり、完治できるものもあります。予防に努め、症状が現れたら速やかに対処するためには、病気について、知識を持っておくことが大切です。

どの犬種にも、なりやすい病気があります。トイ・プードルの飼い主さんが、特に気をつけたい病気について知識を身につけて、愛犬の健康管理に役立ててください。

トーイ・プードルのかかりやすい病気

目の病気

白内障

＜症状＞瞳孔内が白く濁り、視力が低下します。症状が進むと失明に近い状態になることもあります。　＜予防・治療法＞工水晶体を移植する手術があります。ただ、犬は耳と鼻がよいため、目が悪くてもあまり影響はないようです。

角膜炎

＜症状＞強い痛みで目が開けられず、つねに半開きとなり、目やにや涙が大量に出ます。　＜予防・治療法＞外傷、アレルギー性のもの、乾燥など原因はさまざま。処置が早ければ、ほとんど治癒します。

耳の病気

外耳炎

＜症状＞耳の外耳道が炎症を起こします。かゆがる、耳だれが出るなどの症状が見られます。耳をかく、頭を振るなどの動作が見られます。　＜予防・治療法＞垂れ耳のトイ・プードルは、耳の中がむれやすいもの。湿らせたコットンで耳を清潔に保つのが予防法です。逆に、耳のケアで耳道を傷つけると外耳炎の原因となりますので注意。すでに症状が疑われたら、逆に触らず病院へ。早期に治療すれば完治します。

皮膚病

＜症状＞湿疹、フケ、かゆみ、腫れ、毛が抜けるなどの症状が挙げられます。

＜予防・治療法＞原因はさまざまですが、アレルギー性の場合は原因を突き止め、除去します。食べ物やハウスダストなどが原因となり得ます。

皮膚の病気

皮膚病

＜症状＞皮膚のかゆみ、発疹、フケ、脱毛が組み合わさって見られます。

＜予防・治療法＞長毛犬なので、普段から被毛をかきわけて皮膚状態を見ます。アレルギー、寄生虫、カビ、ホルモン異常など原因によって治療法はさまざまですが、いずれも慢性化する前の早期治療で予後が変わります。

指間炎

＜症状＞指の間に炎症が起きます。

＜予防・治療法＞雨の日や、シャンプーのあとなどは、足の先まできちんと乾かして予防します。ストレスで指のあいだをなめたり、指を噛むことが原因の場合も。遊んであげるなどストレス解消を図りましょう。

口・歯の病気

歯周病

＜症状＞口が臭うようになり、歯茎の腫れやただれが出て、重症になると歯がぐらぐらします。

＜予防・治療法＞毎日の歯磨きで予防できます。歯石がすでにたまっていたら、病院で除去してもらいましょう。

口腔の腫瘍

＜症状＞口の中に腫瘍ができます。ときにはアゴの骨にまで広がります。口臭、よだれ、口から出血するなどします。　＜予防・治療法＞悪性の腫瘍でなくても、食事の邪魔にもなるので、外科手術で取り除くのが一般的です。

その他

甲状腺機能低下症

＜症状＞甲状腺ホルモンは体の代謝にかかわるため、低下症になると低体温、元気がない、色素沈着、脱毛なの症状が見られます。2〜3歳と若くして発症するケースも多いです。遺伝性が強く疑われている病気です。

レッグ・ペルテス病

＜症状＞大腿骨が変形したり、崩壊する病気です。ある日突然、足を持ち上げて歩くようになったり、発病した足を動かすのを嫌い、足をかばおうとします。少しでも動かすと痛がります。　＜予防・治療法＞外科手術で完治します。

病気②

トイプーならではの病気トラブル

聞き慣れないものもあるかもしれませんが、遺伝的要因が関係する疾患です。

ここでは、トイ・プードルに発症しやすい病気を紹介します。すべて遺伝的要因が大きく関係しています。もし発症したら、適切な治療を受けながら、愛犬がつらい思いをせずに済む生活も配慮して、病気とうまくつき合っていきましょう。

進行性《しんこうせい》網膜《もうまく》委縮症《いしゅくしょう》

最初は薄暗いところで、その後、明るいところで目が見えにくくなり、その後、完全に失明してしまいます。

完全な失明は、通常、暗いところで見えなくなってから6～18カ月後に起こります。瞳孔が拡散したり、白内障の症状が見られることもあるようです。

70犬種以上に見られる病気で、遺伝性疾患であることははっきりしていますが、現在のところ治療方法はありません。

股関節《こかんせつ》形成不全《けいせいふぜん》

大型犬に多い遺伝性疾患ですが、じつは小型犬にも発症します。複数の遺伝子が関与しているといわれます。小型犬は体重が軽いので、起立不能などになりにくいことなどから、発見が遅れてしまいます。歩き方にも変わったところがないのに、レントゲンを撮ってみたら、異常が認められたという例もあるようです。

腰を振って歩いたり、段差を上がるのを嫌がったり、走るときに後ろ足がウサギ跳びのような動きをしたら、この疾患を疑ってみてください。

歩き方が変だと思ったら、動物病院で検査を受けましょう。

膝蓋骨脱臼《しつがいこつだっきゅう》

膝蓋骨とは膝にあるお皿のことです。このお皿が内側や外側に外れてしまう病気です。プードルでは外側に外れることが多いです。

脱臼すると、しっかり地面を踏むことができないので、スキップのような足取りになります。このとき、かなりの痛みを感じています。

膝蓋骨脱臼は、遺伝的なものと外傷性のものがありますが、どちらも手術をして治療します。

先天性の場合は、生まれた段階から、股関節の発育不全などの問題を持っているようです。

動脈管開存症《どうみゃくかんかいぞんしょう》

動脈管とは、母犬のお腹の中にいる時期に必要だった、大動脈と肺動脈をつなぐ血管のことです。通常は、生後2~3日で閉じてしまうのですが、開いたまま残ってしまいます。すると、血液の流れに異常をきたし、心臓に負担がかかってしまいます。放っておくと1年以内にほとんどの犬が死んでしまいます。

呼吸が速い、激しい運動ができなかったり、すぐ疲れてしまう、ときに卒倒するなどの症状が見られます。一般的には生後6カ月以内に何らかの症状が現れますが、ごくまれに何の症状も出ず、10歳ぐらいまで生存することもあるようです。

てんかん

脳の神経細胞の伝達異常により起こります。頭部の外傷や水頭症などの先天的な奇形、脳腫瘍の後遺症などから起こる症候性てんかんと、遺伝的な要因が濃い特発性てんかんに分けられます。さらに、このどちらにも当てはまらない潜因性てんかんもあります。プードルに多く見られるのは特発性てんかんです。

多くは抗てんかん剤での治療を行います。症候性てんかんの場合には、原因となる疾患が特定できれば治療を行います。

フォン・ウィルブランド病

血液が固まるときに必要となるフォン・ウィルブランド因子と呼ばれる血漿蛋白《けっしょうたんぱく》が不足、あるいはその機能が正常に働かないために出血しやすく、止血しにくいというものです。

僧帽弁閉鎖不全《そうぼうべんへいさふぜん》

心臓の左心房と左心室のあいだにある僧帽弁が変性を起こし、十分に閉鎖できなくなることから、左心房に血液が逆流してしまう心臓弁膜症です。肺静脈圧が上昇し、肺内の血液が滞留してしまい、血管からにじみ出た血漿が肺胞にたまる肺水腫を引き起こします。また、弁を支えている腱索が断裂した場合や、左心房が圧に耐えられず破裂した場合、突然死することもあります。

伝染性の病気を予防しよう

恐ろしいイメージのある伝染病は、予防が第一です。

愛犬のため、そしてまわりのために予防を

犬の伝染性の病気は治療が難しく、死に至る危険なものもある恐ろしいものです。とはいえ、獣医療の進歩は目覚ましく、予防薬の服用やワクチンの接種で、予防できるものもたくさんあります。例えば、犬の伝染病としてもっとも知られている狂犬病も、予防接種を受けさせていれば感染させずに済みます。

狂犬病予防、混合ワクチン、フィラリア症予防と、3つ覚えておき、毎年春の狂犬病予防接種の際に、動物病院でまとめてお願いすると忘れずに済みます。発症してしまってから後悔することのないよう、しっかりと予防に努めましょう。

病気は大きく4ジャンルに分けられる

1 伝染性の病気
主に予防注射で、感染を予防する病気。

2 かかりやすい病気
どんな犬種にも見られ、トイ・プードルにもよく見られる病気（P76～）。

3 特異的な病気
犬種の中でも、トイ・プードルに発症しやすい病気（P78～）

4 遺伝性の病気
原因が内因性の病気を、一般的には遺伝性疾患と呼んでいます（ただし、内因性であっても、同じ家系で頻発していると調査されていない場合は、安易に遺伝性疾患と呼ぶべきではないとの考え方もあります）（P78～）。

狂犬病

狂犬病ウィルスの感染により起こり、人にも感染します。発症すると、ほぼ100％の確率で死に至ります。日本を含む、世界中でまん延の予防をしています。

日本では1957年以来、犬での発症報告はありませんが、小動物や、海外から帰国した人の発症例があります。

ジステンパー

感染すると、さまざまな形で症状が現れます。発熱、目やに、鼻汁といった症状が出るため、最初は風邪と勘違いする人も多いようです。進行すると神経がおかされてしまい、死亡するケースもあります。

犬伝染性肝炎

感染した犬の尿、便、食器などを介して感染します。軽い症状から、重篤な病気になるケースまであります。一般的には、約1週間の潜伏期間のあとで、高熱を出します。

パルボウィルス感染症

子犬の頃に感染してしまうと、致死率が非常に高くなります。感染力が強いのも特徴です。

突然激しい嘔吐をし、下痢を繰り返して脱水症状を起こします。

胃の粘膜がただれる消化器型と、急性心不全となる心筋炎型があります。日本で発症しているのは、ほとんどが消化器型です。

レプストピラ症

感染すると腎炎が起こり、尿毒症に。さらに進行すると、嘔吐、下痢、血便などの症状が現れます。

パラインフルエンザ・ウイルス

アデノ・ウィルスとティティス・ウィルスが気管に感染し、そこに細菌が二次的に合併感染します。

激しい咳をするだけの場合と、咳に加え、食欲不振、元気消失に陥ってしまう重篤なケースとがあります。これに合併症が加わって、死に至ることもあります。

気温の変化が激しい季節に、発症がみられます。

フィラリア症

蚊の媒介によって発症する病気です。フィラリアが寄生した犬の血を蚊が吸って、感染していきます。この寄生によって、心臓に負担がかかり、心臓肥大や肝硬変などの症状が現れます。

初期の症状は軽い咳程度ですが、次第に運動を嫌がるようになり、どんどん痩せていきます。

狂犬病予防接種	混合ワクチン	フィラリア症
<特徴> 狂犬病予防薬の接種です。毎年接種することが、飼い主に法律で義務付けられています。 <時期・費用> 生後3カ月後に第1回目の接種をして、その後は毎年4月頃に、定期的に接種します。地元の行政に畜犬登録をすると、毎年連絡が来るので、うっかり忘れることはありません。	<特徴> 通常3～8種から選びます。どの感染症の効くワクチンが必要か地域性や生活スタイルで選択を。 <時期・費用> たいてい生後2カ月頃に第1回目、3カ月頃に第2回目の接種をし、その後は年に1回ずつ接種します。ペンションやドッグランなどで、この接種証明書がないと断られることがあります。	<特徴> 体内に寄生しているミクロフィラリアを殺す内服薬です。ただし、すでに心臓に寄生しているフィラリアの駆除はできません。 <時期・費用> 地域によって開始時期が異なります。関西以北だと、だいたい4月にフィラリアの検査をしたあとで、毎月1回ずつ内服薬を服用し、秋頃まで続けます。

自宅でわかる健康のバロメーター

家で、誰でも簡単にできる健康チェック法を実践しましょう。

愛犬の体が発信するSOSサインを読み取る

犬は具合が悪くても、それを言葉で伝えることができません。体調の波や、病気のサインとなるちょっとした変化にも、一番早く気づいてあげられるのは、獣医さんではなく、飼い主さんです。

犬の体を見て、触ることで、病気のサインを見極められるポイントがいくつかあります。犬が感じているちょっとした不快感を取り除けたり、あるいは、深刻な病気を早期発見・治療することにつながるかもしれません。ぜひ、健康チェックを愛犬との暮らしの習慣に取り入れましょう。体に触れることは、スキンシップにもなり、犬も喜びます。

顔 face

輝きや色、潤いなど微妙な変化が現れる

目 飼い主さんをまっすぐ見つめる輝きのある瞳は、トイ・プードルの特徴。その輝きがない、眼球が渇いている、逆に涙が多い、目ヤニが多い、といった状態が見られたら、目の病気の可能性があります。また、前足でしきりに目をかくのはかゆいしるしです。

舌 青白い、紫色になっている、乾いているというときは、健康状態がよくない可能性があります。「何となく、いつもと調子が違うぞ」というときに、体調をはかる目安のひとつとして、舌を見る習慣もつけておくとよいでしょう。

鼻 健康な犬の鼻は、適度に湿っています。乾いている、鼻水が出る、出血がある、といった場合には、動物病院へ連れて行きましょう。ただし寝ているときは鼻が渇くので、チェックするのは寝起きを避け、少し時間がたってからにします。

歯茎 歯茎を指で押して、色が白から元のピンク色に戻るのに1～2秒以上かかる場合は、心臓や血液循環が悪い可能性があります。正常なら、すぐに色が回復します。ときどきチェックしてあげるとよいでしょう。

口 *mouth*

恐ろしい歯周病になる前にストップ

口臭や出血、よだれ、できものや傷、食事をすると痛がるといったときは、歯周病が疑われます。口を開けさせるときは、唇をつまみ上げるのではなく、口吻全体を４本の指で包み込んで持ち上げてください。

耳 *ear*

蒸れやすい垂れ耳はめくってチェック

赤くはれている、ニオイがする、分泌物が出ているといった状態は要注意。耳の先をつまんでめくるのではなく、手のひらで顔全体を包むようにし、耳穴の奥まで見える状態にしてチェックしましょう。

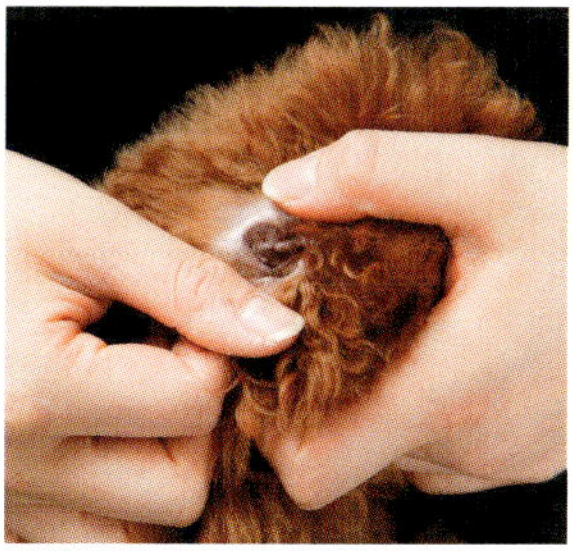

足の裏 *sole of the foot*

室内にいる時間が長いと足裏が切れやすくなる

トイ・プードルは室内飼いが主流のため、散歩不足だと、ちょっと外を歩いただけで足裏が切れることも。また、小石が刺さることもあります。足跡に血がついていたらすぐチェックを。足先ではなく、足のつけ根を包むように持ち、肉球（パッド）を見ましょう。肉球をなめ続けていたら、かゆみがあるのかもしれません。

皮膚 *skin*

なめたり噛んだりは「違和感あり」のサイン

皮膚病では、アレルギー、ノミ・ダニなどの寄生虫、カビなど原因に関わらず、発疹や湿疹、フケ、脱毛などの症状が現れます。毛量の多いトイ・プードルは、皮膚の異常を見落としがち。ブラッシングのときなどに、皮膚の状態をよく観察してください。後ろ足でかいたり、しきりになめたり、歯で咬んだりしていたら要注意。

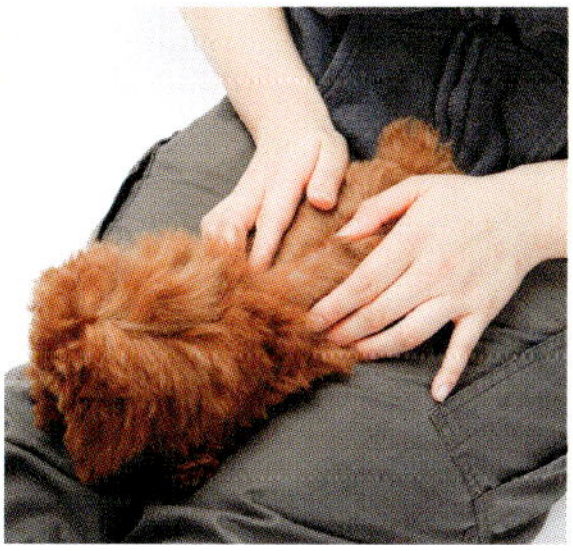

腹部 belly

触られるのを嫌がるのは深刻な病気の恐れあり

見た目はフワフワのトイ・プードルですが、やせすぎということもあるので注意。お腹に不調を抱えている場合、足のつけ根を触ったときなどに「キャン！」と鳴きます。肋骨の後ろ側から両手をまわして、腹部を優しくさわったり押してみましょう。ふくらんだ感じがあったり触られるのを嫌がるなら、内臓に炎症や腫瘍などの可能性あり。

四肢 arms & legs

足の運びがおかしいのは骨や関節が原因かも

足取りが変、歩くのを嫌がるといった場合、足や腰に痛みがあるのかもしれません。まずは、足の裏をケガしていないかなどを確認し、原因となる傷などがなければ動物病院で診てもらいましょう。骨折、あるいは関節や脊髄の病気が疑われます。また、高齢になると、足腰の筋力が衰えて、ヨボヨボとした歩き方になってきます。

排泄 excretion

体調の変化をいち早く教えてくれる情報源

尿や便は、見ないで処理してしまわず、普段からよく観察しましょう。色やニオイ、回数、量などの変化があれば、愛犬の心身に、何かしら異変が起きている疑いがあります。特に、頻尿になる、排泄物に血が混じる、下痢や軟便が続くといった場合は要注意です。尿が丸1日出なかったら、早急に動物病院で診てもらってください。

様子 look

発作やけいれんは生死に関わる恐れあり

発作やけいれんを起こす場合、脳や神経系の病気、あるいは低血糖症、尿毒症、各種中毒が疑われます。生死に関わる場合もあるので、電話などで迅速にかかりつけの獣医師に指示を仰ぎましょう。発作のあとに愛犬がけろっとしていたとしても、脳神経のトラブルは深刻なケースが多いので、きちんと診察してもらう必要があります。

覚えておきたい とっさのときの救急対応

●吐いてしまう

犬はわりとよく嘔吐する動物です。多くは食べ過ぎが原因です。特に子犬はよく嘔吐しますが、吐いたあと、けろりとしていたら、おそらく問題ないでしょう。嘔吐したあと具合悪そうにしていたり、急な嘔吐が続いたり、頻繁に繰り返すのは病気のサイン、あるいは異物を飲んでしまった可能性があります。放っておくと脱水症状を起こす恐れもあり危険です。すぐに動物病院で診てもらいましょう。

●目に異物が入った

異物を指で除去するか、水で洗い流しましょう。その後、痛がっているようであれば、水で冷やしたガーゼなどを目に当てます。

●ケガをした

出血があれば、患部をガーゼなどで押さえて止血します。血が止まらないようなら、傷口より心臓に近い部分を縛り、病院へ。

●異物を飲み込んだ

飲み込んでしまったら、急いで吐かせましょう。まずは、犬を逆さまの体勢で持ち上げ、大きく振ります。異物のサイズがあまり大きくない場合には、塩水を使う方法があります。濃い塩水を作り、口をこじ開けてコップから流し込むか、シリンジやスプーンで口の端から流し入れ、喉の奥まで指を突っ込んで吐き出させましょう。

●交通事故にあった

車にぶつかっても、犬は走り出すことがあるので、車の交通を止めて、事故に二重にあうのを防ぎます。その後、車の通らない場所へと移動させます。

熱中症になったら迷わず応急処置を

犬は肉球にしか汗をかきません。暑いときは舌を出し、「ハァ、ハァ」と浅く速い呼吸を繰り返すことで体温調節をします。人のように、全身から発汗できないので暑さは苦手で、熱中症にもかかりやすいです。呼吸が苦しげになり、歯茎の色が赤くなっていたら、体温上昇が始まっています。一刻も早く体を冷やさなければ手遅れになりかねません。涼しい場所に移動し、全身に水をかけます。保冷剤や冷やしたタオル、冷たい飲料ボトルなどを足のつけ根に挟んだり、頭のてっぺんなどに当てます。実際、このような緊急事態になったら動揺するかもしれませんが、応急処置が運命を分けますので、勇気をもって処置を行ってください。

公共での犬連れのマナーと心得

犬連れが守るべきマナーを守り、お行儀よくふるまいましょう。

明るくて友好的な性格のトイ・プードルは、他の人を見てすり寄っていったり、ジャンプ攻撃をしかけてきて喜びを表現するかもしれません。しかし、世の中には犬の苦手な人もいます。愛犬のなすがままにするのは迷惑となります。リードを短く持って行動を管理し、犬がそわそわしたらオスワリで落ちつかせるなど、抑制できる練習を普段からしておきましょう。

興奮しそうになったら行動をストップし冷静に

小柄でかわいいトイ・プードルを飼うと、あちこちお出かけしたくなります。街中など公共の場に連れて行くには、「吠えない」「咬まない」は基本。もし吠えたら、大声で叱るとかえって興奮を高めてしまうので、威圧感のある低い声で「ノー」とぴしゃりと言いましょう。

リードの輪っかの部分に、親指以外の4本の指を通します。手の甲の方まで、深く通しましょう。

残りのリードを好きな場所で握ります。握る場所によって、長さを調節することができます。

上手なおすわりの教え方

顔の前に手をかざし、その手で顔を後ろに押すようにして、毅然とした表情で「スワレ」と声をかける。

座らない場合、しっぽのつけねを握り、下へ向けて軽く引っ張ります。

促すように座らせましょう。できたらすかさずほめておやつを。

1

7〜8週齢までは兄弟犬と遊ばせる

子犬は母犬や兄弟犬と過ごす中で、不要なケンカをしない、相手を傷つけないといった犬としてのマナーを身につけます。7〜8週齢までの早い段階で母犬から離すと、こうした基本的な学習ができないため、将来さまざまな問題が生じやすくなります。できるだけ7〜8終齢までは親兄弟と共に過ごさせましょう。

2

子犬の社会化期の過ごし方を大事にする

生後3〜13週齢ぐらいは、子犬がさまざまな事物への適応力をつけるのに最適な社会化期。この時期に街中や人混みに慣らせられればいいのですが、2回目（3回目の場合もある）のワクチンが済んだばかりで十分には対応できないかもしれません。せめてキャリーバッグで移動したり、ケージの中で過ごすことに慣れさせましょう。

3

愛犬に尊敬される飼い主になる

公共の場でたとえ愛犬が興奮状態になったとしても、飼い主さん自身が落ちついて対応すれば、犬にそれ以上余計な興奮をもたらしません。そのほか、外出先で犬を制止したり、しつけを入れたりとコントロールが必要なときもあるでしょう。犬に尊敬される飼い主さんでないと、対応になかなか苦戦するかもしれません。

4

叱るときは小言も体罰も不要

しつけをするにあたって、子犬を叱るときもあるでしょう。このとき、がみがみ叱りつけたり、だらだら小言を言っても効果はありません。一方、体罰も逆効果。信頼関係を損ねるばかりです。止めさせたいときは、低い声で短くぴしゃりととがめつつ、どのように行動するのがよいのか、犬にきちんと教えてあげることです。

5

カーミングシグナル愛犬の声に耳を貸す

犬はボディランゲージの達人。これはカーミングシグナルといって、言葉を持たない犬たちの声です。「目をそらす」「伸びをする」「あくびする」「背中をむける」といった何気ない行動にメッセージが込められています。こうした静かな声に耳を傾け、愛犬の気持ちを汲んであげると、コミュニケーションしやすくなります。

デビュー❶

ドッグラン…犬同士の社交の場を活用する！

自由に行動できる空間だからこそ、マナーを守り、安全管理を。

イキイキと駈けまわる姿は水を得た魚のよう!?

ピョンピョン跳ねたり走ったりと、動くことが大好きなトイ・プードルですから、リードを離され、自由に走り回れるドッグランは、きっと気に入ることでしょう。明るい性格のトイ・プードルは、ドッグランで出会う犬種、性格、年齢の違う他の犬たちともうまくやれるでしょう。積極的に一緒に遊ぶまではいかなくても、他の子たちがいる環境にもすぐなじみます。犬同士のあいさつや、やりすごし方など、社会性も身につけることができます。

ドッグランは飼い主さんにとっても、しつけの悩みなど、有益な情報を交換できる貴重な場となります。ただし、初対面の犬同士がノーリードで接するわけですから、安全管理は万全に。ケンカをしたら、小型犬であるトイ・プードルは、傷を負う立場にもなってしまいます。最初は小型犬専用スペースがあるところに行くのもよいでしょう。愛犬の行動に不穏な空気を感じたら、すぐに連れ戻すなどの対処をしましょう。

最後に、ドッグランを怖がったり、興味を示さない犬もいます。ドッグランを楽しめなくても、何ら悪いことではありません。個性を尊重し、別の楽しみを提供してあげましょう。

ドッグランで遊ぶときのお約束

1 ワクチン証明書などが必要なところも

地域の公園内にあるドッグランなどでは、あまり提示を求められませんが、施設内のドッグランなどでは、使用条件として、自治体に登録している証拠となる鑑札、狂犬病ワクチンや混合ワクチンなど予防接種の証明書の提示が義務づけられているところもあります。これらの証明書は、現場に持参する場合と、事前にドッグラン使用申請書などに番号を記載する場合があります。せっかく出かけたのに、証明書を持っていなくて入場できなかった、なんてことのないように、事前に電話などで確認を。

2 愛犬から目を離すべからず

ドッグランで犬を遊ばせておいて、飼い主さん同士のおしゃべりに花を咲かせている。よく見る光景ですが、絶対にNG。ドッグランにいる間は、愛犬の動きを目で追い、監視するのは飼い主さんの義務と心得ましょう。手にはつねにリードを持ち、相性の悪そうな犬がいれば、すぐに外へ連れ出すなどして、愛犬の身の安全を守りましょう。

3 おもちゃもおやつも絶対持ち込まない

他の犬との取り合いになるので、絶対に持ち込まないのがルールです。おもちゃや食べ物を持っていることに目をつけた他の犬が、飼い主さん目がけて襲いかかってくるかもしれません。普段、しつけの誘導用などのため、上着におやつを入れっぱなしにしている人は、空っぽにしてから入場しましょう。

4 ヒート中のメスは利用を控える

避妊していないメスは、ヒート（発情期）中はドッグランの利用を控えてください。そこにいるオスたちを刺激してしまい、ケンカや事故に発展しかねません。ヒート中に出入りを控えたいのは、オフ会やイベントなども同様ですが、リードを離した状態のドッグランでは、より深刻なトラブルになりやすいです。なお、出血が終わってから２週間ほどは、まだヒート中ですので、確実に終わるまでは、ドッグランには行かないようにしてください。

デビュー❷

カフェ…愛犬と優雅な休日を満喫する！

憧れのカフェデビュー。愛犬のお行儀のよさを、お披露目しちゃいましょう。

犬に守らせるべきテーブルマナーとは

きれいにカットして、ちょっぴりおめかししたトイ・プードルと、街角のカフェで一服。トイ・プードルの飼い主さんなら、きっと誰もが憧れるシチュエーションです。物覚えのよいトイ・プードルですから、カフェでのすごし方も教えれば、すぐ飲み込んでくれるでしょう。

犬にとってカフェは、注意散漫になる要因に満ち溢れた場所です。すぐそばを通り過ぎる店員さんやお客さん。他の犬たち。食器の音やBGM。おいしそうな食べ物のニオイ。こうした刺激の中にあっては、普段のしつけと、愛犬をきちんとコントロールできる飼い主さんとの信頼関係が問われます。ジャンプ力のあるトイ・プードルは、ピョンピョン跳びはねて、テーブルの上のお皿を狙わないように、普段からテーブルマナーを教えておきましょう。

カフェにおける犬の居場所は、飼い主さんの足もとです。カフェマットを持参し、椅子の下に敷けば、愛犬が自分の居場所だと認識し、落ち着いて過ごすことができます。

基本姿勢は「ふせ（ダウン）」です。「ふせ」と指示を出し、マットの上にふせをさせます。まわりが気になってそわそわし出しても、「まて（ステイ）」ができれば、いつまでもお行儀よくしていられます。

DOGCAFE

カフェに入るときのお約束

1 ノミ・ダニ対策と感染症予防は必須

公共の場、ましてや飲食店に行くのですから、衛生には気を配りましょう。普段からノミ・ダニの駆除は行い、狂犬病や混合ワクチンの接種も済ませておきましょう。抜け毛の少ないトイ・プードルですが、ブラッシングを済ませ、身だしなみも整えて入店しましょう。

2 外でトイレを済ませてから入る

飲食店内で粗相、という事態は極力避けてください。お店に入る前に、排泄を済ませておきましょう。もし、入店してから愛犬がトイレに行きたい素振りを見せたら、速やかに外に連れ出しましょう。万一の粗相に備えて、カフェマット代わりにトイレシーツを広げる人がいますが、衛生上、景観上の両方の観点からNG行為です。

3 リードを必ずつけて自由にさせない

リードの長さは短くし、もし何かあってもすぐコントロールできるように備えておきます。「うちの子は他の犬に友好的だから」「膝の上から降りない子だから」などの理由で、ノーリードにし、お店側も黙認しているケースもありますが、お客さんや店員さんの邪魔になったり、トラブルになる恐れも。犬が苦手なお客さんがいる場合もあるので、注意しましょう。

4 人間の椅子には座らせない

椅子は、人間が座るために用意されているものです。たとえ空席があっても、お客さんが腰かける椅子には上げないようにしましょう。靴を履いていない犬の足の裏は、汚れています。また、椅子に上がってしまうと、鼻先にある人間の食べ物を盛んにほしがるかもしれません。

5 人間の食べ物を与えない

ほしがるから、ちょっぴりおすそ分け。家庭内で、家族の食べ物を少量あげたからといって、目くじらを立てる必要はないかもしれませんが、カフェでは控えてください。飼い主さんにとっては、ほほえましく映る愛犬の行動も、まわりから見ればお行儀が悪いだけ。決していい目で見られません。ましてや、人間用の食器を使うのは、衛生上の観点からも絶対にやめましょう。愛犬には、お店が用意している犬用メニューを与えるようにします。

6 ヒート中のメスはお店に行かない

避妊していないメスのヒート（発情期）中は、カフェを訪れるのは控えましょう。オス犬がそわそわし、他のお客さんの迷惑となってしまいます。カフェがすいているから、滞在時間が短いから、といった理由で入店する人もいるようですが、マナー違反です。

デビュー❸

旅行やドライブ…一緒に行けたらうれしい！

お出かけが楽しめるようになると、犬と暮らす楽しさが広がります。

犬の安全を守りながら楽しいお出かけを

最近は、愛犬と泊まれるペンションなども増えており、気軽に遠出や旅行が楽しめるようになりました。自分のペースで移動できる車は、犬とのお出かけに便利な乗り物です。SAなどで休憩タイムを挟みながら、疲れさせない移動を心がけましょう。ドライブ中、犬に直射日光が当たって熱中症になったり、車のドアを開けた際、犬が勢いよく飛び出して事故を起こす、なんて事態にならないように注意してください。

公共機関なら、主に電車や飛行機を利用することに。普段からケージやキャリーバッグに入れることに慣らしておきましょう。

TRAVELING, DRIVING

愛犬をドライブ好きにするコツ

1 最初は車に乗ってみるだけ

独特のニオイや振動がする車の中は、ドライブ経験がない犬にとって不気味に感じられるかもしれません。そこで、まずは車中空間を好きになってもらうことから始めましょう。エンジンをかけずに、飼い主さんとただいくつろいだり、おやつを食べたりします。しばらくしたら、エンジンをかけ、エンジンの音や振動に慣れさせます。飼い主さんがリラックスしていれば、愛犬の緊張もどんどん解けてくるはずです。

2 短いドライブから始める

車の中にいることに慣れたら、少しだけドライブしてみましょう。最初は家のまわりをぐるりと一周する程度にし、徐々に時間を延ばしていきます。初めは車の動きに驚くかもしれませんが、「大丈夫だよ」とやさしく声をかけて落ち着かせます。犬は体重が軽く、車の動きを予知しにくいので振動の影響を受けやすく、乗り物酔いもしやすいとされます。そこで急停車などは避け、なるべくスムーズな運転を心がけてください。だんだんと平気になってくるはずです。車酔い防止と、安全のためにも、ドライブ中はキャリーに入れるか、犬専用のシートベルトを着用させて体を安定させましょう。

3 好きな場所をくりかえし訪れる

犬が車嫌いになってしまうよくある原因に、車に乗ったら、動物病院など気の進まないところへ連れて行かれる体験をした、というものがあります。狭い空間に入れられて、どこに連れて行かれるのかわからない状況を、不安と感じている可能性も。まずは近所の公園など愛犬の好きな場所に車で訪れ、遊んでから帰るを繰り返しましょう。

もしかしてこんなことがイヤ？

上記のようなステップを踏んだのに、やっぱり車が苦手。そんな場合、以下のような原因が考えられるかもしれません。愛犬にあてはまるものはありますか？

- その車の振動、ニオイ、音が苦手 → 車種が変われば改善するかも
- 腰痛などで車内の振動がつらい → 適切な治療により改善するかも
- どうしても車酔いする → 酔い止めの薬で改善できるかも

column 03

トッピングで簡単手作り食

たまには違うモノを
あげたい気もするけど・・・
ワンパターンが
好きなのよね

最近流行の、犬のための手作り食。作っているときからいいニオイの漂う手作り食は、犬はみんな大好きです。愛犬が目を輝かせる姿に、飼い主さんも嬉しくなることでしょう。書店に行けば、犬の手作り食のレシピ本が並んでいるので、本を片手に実践してみるのもよいでしょう。そこで気をつけたいのが栄養バランスです。犬には犬にふさわしい栄養バランスがあり、使ってはいけない食材もあります。本のレシピに忠実に作れば問題ありませんが、いちいちレシピを確認するのが面倒だからと自己流に走ると、健康を損ねる恐れがあります。

おすすめしたいのが、手軽なトッピング食です。市販のドッグフードの量を普段の９割にし、残りの１割で食材をトッピングします。食欲がないときなどにはササミやチーズなど嗜好性の高いものを載せたり、太り気味なら野菜やおからを加えれば、全体量を変えずにカロリーを落とすことができます。ほかにも、被毛がパサついていたら植物油を垂らしたり、水を飲む量が少なければスープを加えたりと、目的に応じてバリエーションを工夫できます。注意したいのは、トッピングが気に入って、それしか食べなくなってしまうこと。好き嫌いの多い犬にしてしまわないよう、毎食残さずしっかり食べさせましょう。

第4章

トイ・プードルの
飼い方・育て方
～成犬編～

すっかり家族の一員となったトイプーの
気になるのは健康、そしてよりよい過ごし方。
今から知っておいてソンはない成犬編。

利発さを宿す目に
見つめられて、思わず立ち止まる

やや離れ気味についている、
アーモンド型の大きな両目は、
賢さや好奇心を感じさせます。

えっ？　呼んだ？
遊びのスタンバイは
いつだってオーケー！

飼い主さんに新しいことを教えてもうらのが大好き。ひたむきで、向上心のある性格です

ふんわり巻き毛を
そっと抱きしめたい

見る者を惹きつける、高貴でかわいいカーリーヘア。飼い主さんの手入れ次第で、輝きを増します。

今度の休日も
お出かけしよっ！

家でのんびりも
いいよね～

甘くて、やわらかい
マシュマロみたい

頭のてっぺんも、耳の先も、
ボリューミーな毛に覆われ
ており、ふんわりソフト名
で印象的なたたずまい

お友達になりたいんだ
ねえ、いいでしょう？

家族以外の人や犬への友好度も高いので、お出かけを楽しむのにも適した犬種です。

風を切って走ろう
うれしくて止まらないよ

身軽く、バネのようなジャンプ力を備えており、涼しげな顔で軽やかに動くさまにも魅了されます。

外の世界は
発見がいっぱい

もう15歳。でも
キュートだねって
いわれちゃう

気力・体力充実期の育て方

あどけない子犬期は終わり、犬種本来の魅力が開花する成犬期へ。

犬との暮らしにおける輝かしい黄金期

成犬期を迎えると、トイ・プードル本来の気品と愛らしさが、内面からも外面からもあふれ出るようになります。気力、体力ともに充実したこの時期は、犬との暮らしにおける黄金期。この輝かしい時期を素晴らしいものにするために、飼い主さんが愛犬にしてあげられることはたくさんあります。食事や運動で、たくましい体作りを目指すのは基本。いろいろなカットにチャレンジして、トイ・プードルならではのイメチェンを楽しんでください。

遊んだりお出かけしたり、成犬との生活では挑戦できないことはありません。行動をともにし、心を通わせながら、かけがえのないパートナーとしてお互いに成長してゆきましょう。

成犬期ならではの注意点もあります。子犬時代より消費カロリーが落ち着いた成犬は肥満になりがち。子犬とは違い、しつけや行動の面でも、一筋縄ではいかなことも出てきます。でもすべては飼い主さん次第。愛犬を正しくリードして、トイ・プードルとの幸せで豊かな暮らしを実現しましょう。

すらりと伸びた足、均整のとれたシルエット。惚れ惚れするほど美しい、大人の体形に。

食事 カロリーを控えた成犬用食事デビュー

成犬に合った食生活で丈夫な体を作ろう

パワフルな成犬の生命を支える、エネルギー源となる食事。正しい食生活で、強い体を目指しましょう。

生後8〜12カ月ぐらいのタイミングで、高カロリーな子犬用フードから、成犬用へと切り替えます。ただし、突然替えると下痢や嘔吐、消化不良を起こすことがありますので、これまでのフードに少しずつ混ぜながら、1週間ほどかけて替えます。

食事の回数は1日2回が平均的です。

市販のフードにもいろいろありますが、「完全栄養食」を選ぶようにします。完全栄養食のなかでも、原料や形状の異なるさまざまな種類があります。

犬の一生のうちには、入院したり、災害に遭遇したりと、普段食べている以外のフードを食べなければならない機会が訪れるかもしれません。そんな場合も、犬が抵抗なく口にするように、時にはフードの種類を替えて、何でも食べられるようにしておくと困りません。

食事を出して30分たったら、食器の中にまだ残っていても片付けてしまいましょう。残したからといって、他の食べ物を与えてしまうと、犬は「残せばもっとおいしいものが出てくる」と学習してしまい、好き嫌いが強化されてしまいます。

手作り食とドッグフード

手作り食は、犬に必要な栄養素などを勉強してから始めましょう。手作り食しか食べていないと、病気になったとき、療法食を口にしない心配もあります。フードも手作り食も食べられるほうが何かと便利。まずは、フードの1割ほどの範囲内で、嗜好性の高い食材を載せるトッピング食から始めては?

●おやつをあげるのはいけないこと?

トレーニングにおやつを使えば、効果的に教えることができます。1日に与えるフードの総量から、おやつ分を引いて調整すれば、太らせることもなし。歯みがき効果のあるもの、特定の栄養価の高いものなどいろいろあるので上手に取り入れて。

●ドライとウェット、どっちがいい?

ドライフードは歯に汚れがつきにくく、ウェットフードは水分量が多いので、水分補給という点でも優れています。香りが強く嗜好性も高いので、食欲がないときはドライに混ぜても。劣化が早いので、開封後は冷蔵庫に保管して、早めに使いきって。

食事

食事を通して、適正な体重管理を

ダイエットしなくても済むよう食事管理を

活発ですが、食欲も旺盛なトイ・プードルは、食事が多すぎると、たちまち太ってしまいます。消費カロリーは、子犬期よりは確実に低くなっていますし、食欲のおもむくままに食べてしまうので、飼い主さんが気をつけるようにします。いつも人と一緒にいる、人なつっこい犬種ですから、家族の食事中におねだりされて、ついついおすそ分け、なんてことにもなりかねません。

しかし、肥満になると心臓や肝臓の障害を引き起こす恐れがあります。膝の弱いトイ・プードルにとって、体重がのしかかれば膝に負担がかかり、膝蓋骨脱臼《しつがいこつだっきゅう》になりかねません。

肥満になれば、運動量を増やして体重を減らすのは難しく、食事で調節しなければなりません。しかし、ダイエットは犬にもストレスとなりますので、食事は腹八分目を心がけ、日頃から太らせない食事管理をするようにしてください。

流行りの手作り食ですが、材料を替えることでカロリーを調整しやすい、水分たっぷりにすれば満腹感が得られやすい、などのメリットがあります。手作りに挑戦したい飼い主さんなら、野菜や肉、魚をごはんと一緒に煮込んだおじやが手軽でおすすめです。

お腹いっぱい
あげたいけど
この子のため！
腹八分目

手軽な肥満チェック法

お尻の少し上の腰骨からろっ骨の当たりをさわってみて、骨があると感じられれば大丈夫。感じられなければ肥満気味ということになります。太っていると、トイ・プードルの魅力である軽やかな動きが損なわれてしまいます。食事と運動の量、おやつの量も見直して生活習慣を改めましょう。

運動 適度な運動で、はつらつ犬が作られる

思いきり体を動かして身体能力を引き出そう

よく跳ねる、活発で行動的なトイ・プードルですが、必要運動量が特に多い犬種というわけではありません。また、ぬいぐるみのように優雅でかわいいトイ・プードルですから、飼い主さんのなかには、おしゃれさせることにばかり熱心になり、つい運動の必要性を忘れてしまう人もいます。しかし、筋力をつけ、丈夫な体を作るには、しっかり運動させなければいけません。

肥満防止のためにも、運動は欠かせません。太り始めると体が重くなるので、犬自身も運動をおっくうがるようになります。そうなると、一気に肥満街道まっしぐら。体を動かさないと、睡眠が浅くなり、心身面に不調を来たすデメリットも小さくありません。

散歩の目安は、1日2回、それぞれ30分程度ぐらい。リードをつけての通常の散歩だけでなく、犬連れOKの公園でロングリードをつけて駆け回らせる運動も組み合わせると、毎日の運動に変化が出て、犬も人も楽しめます。おもちゃやボールを使った遊びでは、犬は熱中し、「さすが、もとサーカス犬」と思わず絶賛したくなるほど、飼い主さんも驚く高い身体能力を見せてくれるでしょう。

頭を使った室内遊びでもトイプーは大張りきり

物覚えがよく、人と遊ぶのが好きなトイ・プードルは、家の中でできる、頭を使ったゲームなどもおすすめです。クッションの下におやつを隠して探させたり、かくれんぼしたり。雨の日などは、外に出ることが制約されますが、こうした家での遊びでも集中してやれば愛犬の満足度、運動量ともに大きく、楽しく遊びながら犬とのコミュニケーションを図ることができます。

運動　散歩の内容は季節や天気によって調整

散歩のメニューや時間は臨機応変に変えてよし

よく、散歩の時間やメニューをガチガチに決めて、何が何でも決行しないと気が済まないという人がいますが、かえって犬の健康を害しかねません。たとえば大雨の日に連れ出すのはナンセンス。時間も、あまり厳密に決めてしまうと、その時間に散歩に行けないとなると犬にとってストレスとなってしまいます。人間の都合で、毎日の散歩時間を決めるというスタンスでちょうどよいのです。

夏は熱中症予防の観点から、日が昇る前の早朝と、地面の温度が冷めた夜間の時間帯を選ぶようにしましょう。ただし、いくら早朝や夜といっても、夏は暑いですから、バテさせないように軽めの運動で切り上げます。反対に、冬は日が高い時間帯に出かけましょう。

日光浴しながら、十分体を動かせば、犬も大満足です。

こんなときは、どうしたらいいの？

● 途中で抱っこをせがまれる

ずばり、抱っこグセがついています。抱っこされると視界も高くなり、心地よいと感じています。要求を飲んではいけません。自力で歩き通したらほめてやり、歩く楽しさを教えましょう。

● 他の犬とすれ違うと吠え立てる

抱き上げて制止するのはNG。犬は視界が高くなると勝気になり、余計に吠えます。その場でスワレやマテの指示を出し、黙ってやりすごせたらほめることを繰り返せば吠えなくなります。

ストレス 性格ができあがり、「これイヤ」も増える

感覚の鋭い犬にとって怖いと感じるものは多い

明るい気質のトイ・プードルですが、成犬になり、自我が強まるにつれて、「苦手」「イヤ」との意識も持つようになります。「この子が苦手なら、別にできないままでいい」と考えることは、一見ものわかりがいいようですが犬のためになりません。

苦手意識はストレスを生みます。毛が抜ける、おなかを壊す、自分の体を噛むなどの行動や症状となって表れることも。

苦手要因が多いというと、「うちの子は臆病なのかしら」とつい思うものですが、嗅覚や聴覚の鋭い犬は、人間が感知できないものまで感じ取っています。刺激過多なこの世界は、犬にとって得体の知れないものだらけといっても過言ではありません。大切なのは、苦手意識が強固になる前に克服することです。そうすればストレスなく、穏やかな毎日を送ることができます。

さて、要注意なのが、若年期の反抗期です。性成熟を迎える1歳半～2歳半頃、飼い主さんに唸ったり、怒ったりという態度を取り始めたら要注意です。人と犬、主従の立場が逆転してしまうことがあり、そうなると、飼い主さんが犬をコントロールできなくなり、関係の修正には、専門的なトレーニングが必要になります。

新しいことを吸収するのに成犬はどれぐらい時間がかかる？

「しつけは犬の年齢分かかる」といわれます。3カ月の子犬をしつけるなら3カ月ですみますが、3歳の子なら3年間かかるということ。しかし、これは逆にいえば、2歳でも3歳でも遅くはなく、時間をかければ身につくということ。「うちの子は、のみこみが悪くて」と悩まず、年齢に応じた習得必要年数があると知ったうえで、あきらめずトライしましょう。

元気で過ごせる時間を延ばす！

高齢犬特有の心と体を知り、変わらぬ愛情で接しましょう。

耳も目も遠いけれど、
飼い主さんに愛されて
シアワセ♪

18歳のご長寿犬。毛の密度が薄くなり、巻きもゆるくなります。

こまやかにケアして豊かなシニアライフを

トイ・プードルの平均寿命は12～13歳。飼い主さんが、「うちの子も年を取ったなあ」と感じるのは10歳前後と遅め。目がうっすら濁ってくるのが、最初の老化のサインということが多いです。というのも、トイ・プードルは毛量が多いので、体形の変化がわかりづらいのです。10歳を超えるとさすがに毛がスカスカになり、皮膚にしみもでき、ブラックの子は白い毛が増えてきて、高齢犬らしくなってきます。

獣医学が進歩し、飼い主さんの意識も向上したことなどから、ひと昔前とくらべ、犬の寿命は飛躍的に延びました。しかし、7歳頃には本格的な老化が始まることに変わりはありません。しかも犬は、人の4倍の速さで年をとります。そのため、多くの飼い主さんが「愛犬の老後」を体験することになります。

こんな長寿時代だからこそ、ただ長生きするのではなく、生涯元気にはつらつと過ごせたら、どんなに素晴らしいことでしょう。永遠に若くいることはできなくても、食事や運動、環境を工夫してあげることで、老化の速度をゆるめたり、病気の進行を遅らせることはできます。

そして、これまで以上に愛情を注ぐこと。そうすれば、老いても満ち足りて暮らすことができるはずです。年を重ねても悲観せず、その子らしい生活が送れるよう、あらゆる面でサポートしてあげましょう。

変化　高齢になるとこんな変化が

体のあちこちにあらわれる老化現象

老化のサインは体のいろいろなところにあらわれます。トイ・プードルの豊かな毛並みも、ボリュームダウン。しっぽの一部や目のまわりなどが脱毛するケースも。暗い場所で物にぶつかったり、ボールを投げてもぼんやりして見失うのは、視力が落ちてきた証拠。耳も遠くなり、名前を呼んでもなかなか反応しなくなるかもしれません。良性や悪性のイボやしこりができることもあります。寝ている時間がやたら長くなるのも特徴です。若い頃は鳥を見れば大騒ぎしていたのが、反応しなくなるなど、動きも気持ちもトーンダウン。歩行や排泄、食事が困難になったり、寝たきりや痴呆になれば、飼い主さんの介助や介護が求められます。

犬にとってつらいことや苦痛なことを取り除いてあげるのは、飼い主さんの役目です。高齢になったら、これまで以上にこまやかな目配りとケアで接してあげましょう。

イテッ!
暗い場所でものにぶつかる

ZZZ……
寝ている時間が長くなる

プーちゃん!
……
呼んでも反応しなくなる

老犬をめぐる素朴な疑問

●若い犬を迎えるのはいいこと？

若い同居犬が来たら、高齢犬が若返ったという話をよく聞きます。本来、老犬は変化や刺激を好みません。好奇心いっぱいの子犬に接触され、うかうか寝ていられない、というのが本音かも。

●介護ってどんなことをするの？

自力で食べられなければ、老犬用の食事を作ってスプーンで口元に運んだり、床ずれができないように体の位置を変えたり、歩けなければトイレに誘導したり、などが挙げられます。

新陳代謝と腎臓に気をつけて

若い頃と同じ食事では太ってしまうワケとは

犬は6歳頃をターニングポイントとして、新陳代謝が落ちてきます。それなのに、若い頃と同じ食事内容では、肥満になってしまいます。人間でいうところの、中年太りにあたります。トイ・プードルは、ガツガツ食べる犬種ではありませんが、この年頃からは肥満にならないよう注意したいものです。高齢になると、運動量が減り、筋肉量が落ちてしまうことも、肥満に拍車をかけます。7歳を過ぎたら、低カロリーのシニア用フードに切り替えましょう。

歳とともに、胃腸の働きが衰え、唾液や胃液などの消化酵素の分泌量も減ってしまいます。そのため、固いものを一気に与えると、胃腸に負担がかかります。歯やアゴが弱り、噛む力が衰えることからも、やはり固いものは苦手になります。フードをお湯でふやかしたり、食事の回数を増やして小分けにして与えれば、無理なく消化・吸収できます。

あの頃は…
ガツガツ
今は食べ過ぎると太りやすいからのう…
7歳過ぎたら低カロリーのシニア用に!!

こんなときは、どうしたらいいの？

● 食欲がありすぎてダイエットさせたい

野菜や豆腐、おからなどの食材をフードに混ぜ、「かさ増し」すれば、満足感を与え、カロリーも抑えられます。おやつもキュウリのスティックなど、低カロリーのものなら、与える回数が多くても太りません。

● 食が細く食事を残しがち

ウェットフードをトッピングするなど、ひと手間かけて、嗜好性をアップする工夫をしてみましょう。フードにだし汁をかけてスープ仕立てにしたり、お湯をかけるだけでも香りが立ち、食いつきがよくなります。

食事

水分や食事はひと手間で食いつきがよくなる

　腎臓の機能も低下してくるので、水分補給もとても大切です。新鮮な水をいつでも飲めるよう、たっぷり用意しておくのは当然ですが、ただ水を置いておいても、あまり飲まないかもしれません。犬用ミルクやスープなど、風味のあるものを与えれば、喜んで飲んでくれます。

　高齢犬は、食欲にむらがあることも多いものです。食が細くなってきたら、ササミや、脂肪の少ない赤身の精肉、白身の魚など、低脂肪の良質なタンパク質を少量トッピングすると、食欲を回復してくれます。

　消化能力が落ちて慢性的な下痢をしたり、食が細くなったことで宿便になったり、水分摂取量が減ったことで尿が濃くなったりすることがあります。うんち・おしっこは、健康のバロメーター。排泄物は、処分する前に状態をよく観察し、食事内容を考える手がかりとしましょう。もちろん必要な場合は、動物病院へ。

高齢犬にふさわしい食事のワンポイント

好物でサービスもOK

　若い頃は、食べないなら食事を下げるなど、飼い主さんが毅然とした態度で臨むべきですが、高齢犬になったら、食べてもらうことを優先し、少し甘やかしてよいでしょう。食べなければ、多少の好物をトッピングするなどしてください。

オイルで毛ヅヤUP

　年をとると毛がパサついて、見た目が年寄りじみてきます。オリーブオイルなど、良質の植物性オイルを、フードに少し垂らすと、毛がしっとり潤ってきます。ただし、カロリーオーバーにならない範囲の分量に抑えましょう。

塩分は高齢犬の大敵

　人間の食べ物は、犬にとっては塩分過多。成犬の体にもよくありませんが、腎機能が低下した高齢犬にはさらに悪影響を与えます。人のごはんを与えたり、ハムなどの保存食を与えるのはやめましょう。

運動　健康のために必要だけど無理は禁物

外の世界に触れることで脳の若々しさをキープ

最近、愛犬が散歩の途中で立ち止まったり、息切れしていませんか？

年をとったのに、若い頃と同じ運動量では、足腰や心臓に負担をかけてしまいます。トイ・プードルは膝が弱い傾向があるため、膝蓋骨脱臼《しつがいこつだっきゅう》を起こしかねません。犬の様子を見ながら、時間や距離、歩くペースの調整を。高齢犬は暑さ寒さに弱いので、春から秋にかけて寒い日は、ウェアを着せてあげるのもよいでしょう。

よく、「犬も乗り気でないから」と、散歩をやめてしまう人もいますが、体の機能というのは、使わないとますます衰えてしまうものです。適度な運動を続けることで、筋肉の衰えや肥満を防止することができます。ただし、頻繁にうずくまる場合は、関節炎などの可能性もありますので、注意して観察するようにしましょう。

何となく体調がすぐれない時などは、外に連れ出す必要はありません。足がすべらないマットや絨毯を敷いた場所で、モッテコイ遊びをするなど、室内で軽く体を動かしましょう。

高齢犬の散歩は、体力維持とともに、気持ちをリフレッシュさせるためにも重要です。外の世界に触れることは、脳を若々しく保つヒケツです。散歩から帰ったら、新鮮な水を十分に飲ませることも忘れずに。

高齢犬は気分や体調の波があります。その日の様子で、散歩のメニューを決めましょう。

カートを活用しよう

散歩途中でストライキ。若い犬では、「歩きたくない」との甘えの気持ちからくることが多いですが、高齢犬は、体が根を上げているサイン。抱っこしたり、カートに乗せてあげてもよいでしょう。

ストレス 急激な変化は戸惑いのもと！

感覚が鈍くなることで外の世界が怖くなる

飲み込みがよく、つねに「もっと新しいことを覚えたい！」と意欲的なトイ・プードルですが、年をとると、新しいことへの適応力が衰えてしまいます。刺激や変化にさらされることが苦痛で、ストレスを感じてしまうようになります。

よく、「犬も年をとると頑固になる」といわれますが、これは本当です。外界の刺激に柔軟に対応するのが下手になり、態度を頑なにさせているのです。年をとって五感が衰えるのも、ストレスに弱くなる一因です。聴覚や嗅覚、視覚が思うように働かなくなると、まわりの世界で何が起きているのか、うまく察知することができません。その結果、見知らぬものや、突然現れたものに対して、過剰に怯えてしまうのです。

身体的なストレス耐性も落ち、若い頃は平気だった暑さ寒さが体にこたえるように。病気への抵抗力も落ちてきます。

老化にも個体差があるの!?

老化によって頑固になる犬もいますが、反対に、何をしてものほほんとした性格になる犬もいます。食欲も、食べる量が減る犬も、食への執着が増す犬も。年をとったらなるべく穏やかな暮らしをさせることを第一に考えましょう。

高齢犬を戸惑わせるこんな変化は避けよう

引っ越し

住まい環境がガラリと変わってしまう引っ越しは、高齢犬にはストレスです。サークルや敷物などは同じものを使用すれば、少し安心します。部屋の模様替えは、五感の衰えた高齢犬が家具にぶつかったりしないよう、レイアウトにも十分配慮を。

新しい体験

初めて会う人や犬の集まり、スポーツなど、新しい体験を強要するのはNG。散歩コースも、大幅に変えるのはよくありません。おなじみの道でも、違う人や犬、ニオイ、物音など、毎日新しい情報に出会えるので、高齢犬にとってのリフレッシュ効果は十分です。

食事時間の変更

毎日同じ時間にもらえることは、安心感につながります。反対に、空腹の時間が長いと不安に。安心して食べることは、食欲が安定することにもつながります。

病院

定期的な健康チェックを心がけよう

病気の早期発見・治療で恐ろしい病気をストップ

犬は一歳を過ぎると人の約4倍の速さで年をとります。当然、病気の進行も速いため、「なんだか調子が悪そう」と思っていたら、あっという間に悪化してしまった、ということもあります。自宅で飼い主さんができる健康チェックもありますが、内臓の異常などを知るのは難しいものです。

そこで活用したいのが、動物病院でいつでも受けられる健康診断です。特に悪いところがなくても、成犬なら年1回、高齢にさしかかったら最低でも年2回は、健康診断の受診を、ぜひ習慣化してください。

高齢犬がよくなる病気ベスト3は、腎臓病、心臓病、腫瘍（がん）。どれも、命にかかわる恐ろしい病気ですが、健康診断で早期発見できれば、治療効果もそれだけ高くなります。かかりつけ医に、愛犬の状態に応じた、暮らしのアドバイスなどももらえるのも、まめに動物病院に足を運ぶことの大きなメリットです。

健康診断を受けよう

健康診断の基本メニューには、その場で採血をして行う血液検査があり、内臓の状態がわかります。家で採取したものを持参すれば、尿・便検査もしてもらえます。検査機器のある病院であれば、胸部や腹部のX線検査、心臓や腹部のエコー検査も受けられます。結果を見て、今後の生活の指針を立てましょう。

血液検査　尿検査　便検査

＋

X線検査を!!

注意　ふかふかクッションは足をとられて危険!?

年を取ると体が骨ばってくるので、敷物は厚みのあるふかふかしたものが望ましいです。ただ、ふかふかすぎるのは、足の上がりにくくなった高齢犬にはやっかいかもしれません。足を取られて転倒しないよう様子見しましょう。

一年を通して毎日の健康を保ちたい

トイ・プードルの春夏秋冬

春
3～5月

夏
6～8月

秋
9～11月

冬
12～2月

春

3月/4月/5月

お外が気持ちいいシーズンですが、
蚊、ノミ・ダニ、花粉と、意外と敵も多いです。

暮らしの注意点

be careful!

狂犬病ワクチン接種で一年間安心して過ごそう

犬を飼ったときに、きちんと自治体に飼育届を出せば、狂犬病予防注射の案内通知が届きます。これは飼い主さんの義務ですので、面倒がらずに必ず接種してください。地元の保健所などに設けられた会場に出向くか、動物病院で打ってもらいましょう。病院なら、あわせてフィラリア検査をしてもらい、ついでに健康診断も受診しておくと効率がよいでしょう。

穏やかで過ごしやすい気候ですが、寄生虫が発生しやすく、また、この季節になりやすい病気もいくつか待ち構えていますので、健康管理には十分注意を払いたいものです。

ケア
care

戸外でも室内でも ノミ・ダニから守ろう

3月になれば、寒さはゆるむものの、依然として空気は乾燥し、静電気で埃をくっつけるなど犬が汚れやすい時期です。気持ちを込めて手入れするほどに被毛が輝くトイ・プードルですが、逆に手入れを怠ると、薄汚れて、あわれに見えてしまい、優雅な魅力が台無しです。外見上の問題だけでなく、体が汚れたままでは湿疹などができやすくなります。定期的なシャンプーで、汚れを落としましょう。蒸しタオルで体を拭いてあげるだけでもさっぱりします。

春先ですと、朝夕はまだ寒い日もあるので、高齢犬の被毛のカットは、少し長めに残します。

トイ・プードルは室内で飼われるケースがほとんどですが、春の陽気に誘われて、外にいる時間が長くなります。そのぶん、感染症にかかるリスクが高まります。動物病院で、感染症予防のワクチンを接種しておけば安心して暮らせます。ワクチンは通常3～9種混合から選ぶようになっていますので、獣医師と相談しながら、地域性や生活スタイルに照らして選ぶとよいでしょう。

この季節、ノミ・ダニが発生します。多くは目で見て確認できるので、散歩から帰ったらブラッシングをしながら、被毛をチェックしましょう。毛を掻き分けるようにしながら、くまなく調べます。市販のノミ除けスプレーなども活用すると効果的です。家の中にももちろん、外部寄生虫は発生します。犬用の敷物はまめに取り換え、ケージやトイレはときどき天日干しを。

春の体調と環境

be careful!

気候が不安定な春先は体調を崩す恐れあり

換毛期がないトイ・プードルは、飼い主さんから見て、季節による体の変化を感じにくい犬種ですが、当然ながら四季それぞれの気候に影響を受けています。

季節の変わり目に体調を崩しやすいのは、人も犬も同じです。例えば、ケンネルコフという病気になる可能性があります。ウイルスが気管に感染し、そこに細菌が合併感染をして発症するもので、咳をするのが特徴です。軽度の場合、様子は普段と変わらず咳だけが出ますが、重篤なものだと、合併症を起こし死亡することも。咳が気になり出したら、「たかが咳」と甘く見ず、早めに病院へ。

また、最近は、犬の世界でも花粉症が見られるように。病院で検査をすると、アレルギーの原因となっている物質を特定してもらえます。

予防薬を確実に服用しフィラリア感染を阻止

ひと昔前は、フィラリアで命を落とす犬も多かったのですが、現在では予防薬を飲めば、感染を防ぐことが可能となりました。フィラリアの薬は、蚊が飛ぶようになってから1カ月後〜蚊が姿を消してから1カ月後の期間、1カ月ごとに飲ませます。フィラリアの予防をしていない犬がひと夏過ごせば38%、ふた夏では、なんと89%も感染しているといわれますので、しっかりと予防に努めてください。

病院での検査の結果、感染していることがわかっても、現在では早期治療すれば完治でき、また、内服薬を使って発症を防ぐことができます。

また、蚊だけでなく、ノミやダニが多く発生する季節です。見つけたら取り除くのが原則ですが、吸血中のダニを無理にはがそうとすると、事態をさらに悪くしてしまいます。吸血が終わるまで、我慢して待ちましょう。ノミをつぶすのも厳禁です。

咬まれたあとが赤くなっている、全身をかゆがる、などの症状が見られたら、病院で診てもらいましょう。春は、腸内寄生虫の増殖期でもあります。

検便をして寄生虫が見つかったら、寄生虫の種類に合わせた駆虫剤を処方してもらいます。

子犬は気をつけて寄生虫の増殖期

腸内寄生虫がいると、栄養を寄生虫に取られ、成長障害を起こします。子犬は特に検便を怠らず、寄生虫が見つかったら駆虫剤で治療しましょう。症状としては、おなかがふくらみ、貧血、下痢や血便が見られます。

目に皮膚に降り注ぐ紫外線の季節が始まる

紫外線は、真夏が最も強いイメージがあるかもしれませんが、じつは3月頃から強くなり始め、5～7月でピークを迎えます。また、暑くて外出を控える夏場より、長時間外にいる傾向のあるこの季節のほうが、無防備にも長時間紫外線を受けてしまいがちです。

紫外線の影響で、皮膚炎を発症する恐れがあります。鼻などもともと毛のない部位や、おしゃれなカットにより毛の刈り取られた部分には、紫外線がダイレクトに降り注ぎます。トイ・プードルは、老化すると白内障になりやすいのですが、紫外線は白内障を誘発するといわれます。紫外線が強くなる10～14時頃の外出はなるべく控えるか、屋根つきのカートに乗せるなどするとよいでしょう。

ヒート中のメスは飼い主さんが行動管理を

メス犬のヒート（発情期）は、春と秋に迎えるケースが多く、秋に生まれたメス犬が、避妊していなければ、発情を迎えるのがこの時期です。普段は、他の犬に対してフレンドリーなトイ・プードルですが、ヒート中は別。オス同士のトラブルの引き金になりかねないので、ヒート中のメスは、犬が集まる場所には連れて行かない、出血が気になるなら生理用パンツをはかせるといった配慮を。

夏

6月/7月/8月

犬の苦手な湿気&暑さ。対策のポイントを知って、トラブルを回避しましょう。

暮らしの注意点

be careful!

現代日本の暑さと湿度は犬にとってリスク大

梅雨、そして夏と、犬にとってはなかなかにつらい季節の到来です。犬は暑いと、「ハアッ、ハアッ」とあえぐことで体熱を放散するのですが、湿度が高いと放熱効率が悪くなってしまいます。被毛をまとった犬はもともと暑さが苦手ですが、現代の猛暑日本では、一瞬の油断が命取りになりかねません。暑さに侵されないよう、愛犬のいる環境をつねにチェックするクセをつけてください。長期休暇がとれる夏は、愛犬と遠出や宿泊を楽しめる貴重なシーズン。夏対策を万全にし、外出先のルールを守ったうえで、愛犬とたくさん思い出を作りましょう。

ケア

care

蒸れと汚れを取り除き清潔な肌・被毛をキープ

ジメジメとした梅雨時には、トイ・プードルの巻き毛の中が蒸れて、雑菌が繁殖し、皮膚トラブルを引き起こさないよう、ブラッシングで風を通しましょう。フケが出ていたら、すぐに取り除き、ノミ・ダニがついていないかも確認しましょう。

トイ・プードルは垂れ耳なので、耳の中も蒸れて臭いやすくなります。梅雨の時期はとくに耳の病気にかかりやすいので、1カ月に2回を目安に手入れしましょう。

運動後は、蒸しタオルで全身を拭き、皮脂や汚れを取り除くと、さっぱりと清潔に保てます。ただし、顔を拭く際には、タオルの端が目に入らないように注意してください。トイ・プードルの老化現象は、白内障となって表れやすいのですが、高齢犬では、デリケートな角膜はちょっと突いただけで、白く濁ってしまうことがあります。

定期的なシャンプーは、もちろん行ってください。ただしせっかく洗っても、水気が残っていると、蒸れの原因となり逆効果。洗ったあとは、まずは水気をタオルで拭き取り、その後、ドライヤーで完全に乾かしましょう。耳の中も忘れず綿棒で拭いておきましょう。

変幻自在なクリッピングが楽しめるトイ・プードルですから、夏は思いきって短めの、サマー・カットにしてみるのはいかが？　ただし被毛には紫外線を防ぐ役割もあるので、全身の毛を極端に短くするのはおすすめしません。

この季節、心配なのが食中毒です。食べ物の腐敗はあっという間に進みます。比較的日持ちするドライフードも、カビが生えてきますので気が抜けません。少量パックのものを購入する、密閉容器に入れるなど保管にも気を配ってください。食事の時間帯は、なるべく朝夕の涼しいときにして、残した食事は使い回さずにすぐ引き上げて処分します。飲み水も、まめに新鮮なものに入れ替えて、容器も面倒がらずに洗いましょう。

開封して時間のたったフードは、見た目は変わらなくても雑菌が繁殖していることがあるので要注意です。

うっとうしい梅雨時 運動不足はこうして解消

梅雨時は、朝夕の決まった散歩も思うようにできなくなりがちです。大雨の中、無理に連れ出す必要はありません。「家の中での遊びを充実させる時期」と考えて、室内遊びにトライしてみるとよいでしょう。おもちゃを替えたりしながら、いろいろ試してみれば、愛犬がどんな遊び方が好きかを知るよい機会となります。とはいえ、家の中に閉じこもっていては、ストレスが溜まってしまいます。雨が上がったタイミングを見計らい、短時間でもよいので散歩に行くようにしてください。

帰宅後はすぐに、乾いたタオルで体を拭き、水気や汚れを拭き取りましょう。おなかの下は、足のはね返りで意外と汚れているポイントです。きれいに拭いて、皮膚を健やかに保ちましょう。

この時期の理想的な過ごし方は!?

屋外

室内

お出かけのとき

家の中でも車中でも、涼を得られる工夫

トイ・プードルは室内で飼う人がほとんどですが、夏になったら、家の中でも最も涼しい空間を提供しましょう。涼しい場所にクッションを敷いて居場所を作ったり、場合によってはケージの位置を移動してもよいでしょう。玄関、廊下、洗面所などがひんやりしているかもしれません。家族と過ごす部屋から自由に行き来できるようにしておくと、暑くなれば移動して体温調節できます。

戸外で過ごすときは、風通しのいい日陰を選び、やはり犬が自由に移動できるように、リードを長めにしておきます。ドライブなどの際は、保冷剤を凍らせたペットボトルをタオルでくるみ、ケージなどにしのばせておくと、狭くても暑苦しい思いをさせずに済みます。

夏の注意点
子犬の場合

be careful!

免疫力も体力も弱い子犬 リスク管理を徹底しよう

家の中で家族と過ごすことが多いトイ・プードルですが、エアコンの効いた部屋は要注意です。冷たい空気は下の方に溜まるため、床から30センチ以内の高さにいる犬にとっては、人間より体感温度が3～5度も低くなります。犬、特に体高の低い子犬は強い冷気にさらされ、下痢を引き起こします。ブランケットなどを用意し、寒くなったら暖を取れる場所を作ってあげましょう。

まだ体が十分できていない子犬にとって、真夏の散歩は体力を大きく消耗します。夏は必ずしも、毎日散歩させる必要はありません。室内で遊んであげて、あり余るエネルギーを発散させましょう。

雑菌が繁殖しやすいこの季節、体が少し臭ってきたり、被毛をさわってサラサラ感が薄れたと感じたら、刺激のない子犬用のシャンプーで洗ってあげましょう。

子犬は、害虫の寄生や感染症により、あっという間に衰弱し、死に至ることもあります。獣医師と相談しながら、健康対策に努めましょう。

病気

sickness

中毒症、水のガブ飲み　多様なトラブルに備えて

高温多湿は皮膚トラブルの原因に。皮膚に脂肪分や汚れをつけたままにしておくと、突発性湿疹を発症してしまいます。皮膚が赤くなり、歯で被毛をむしりとってしまうほどのかゆさで、リンパ液で湿潤する治療もつらそうです。皮膚や被毛を清潔にして、極力発症を避けたいものです。

湿度が高いと、犬は唾液を蒸発させた時の気化熱を利用して、体温を下げます。その影響で、水を過剰に飲むようになり、下痢や嘔吐、さらには血便を起こすなど、大事に至るケースも少なくありません。夏場の水分補給は必須ですが、一方で、ガブ飲みもよくありません。

フィラリアを媒介する蚊が飛び交っています。予防薬もありますが、窓には網戸を取り付けるなど、蚊を寄せつけない工夫をしましょう。

散歩中、熱中症予防のためにと、木陰の草むらで休憩するのは危険。草が生い茂る場所に潜んでいるマダニに、寄生される恐れがあります。

殺虫剤や除草剤、ヒキガエルなどの各種中毒症状が起きるのも、この季節の特徴。原因不明の嘔吐が見られたら、吐いた物を持って病院へ。

ブラッシングは、皮膚病の早期発見にもつながります。

ワクチンは生活スタイルや地域性に合わせて！

ワクチンで予防できる感染症は、狂犬病を除いて全9種。そのうちのどれを打つかは、飼い主さんの考え次第です。副作用の危険も伴うので、必要なワクチンはどれか、年齢や行動範囲、病気の地域性などを踏まえ、獣医師と話し合って決めましょう。市街地より野生動物が暮らす里山の方が、一般的には感染症のリスクが高いとされます。

MIDASHI

要注意！旅先でのトラブル

行楽地の場合

まわりのため、犬のためにもマナー順守

トイ・プードルのかわいさに魅了されていると、ついつい忘れがちですが、世の中には犬が苦手な人、嫌いな人もいます。ですから、不特定多数の人が集まる行楽地に、愛犬連れで出かける際には、周囲に迷惑をかけないようなふるまいを心がけてください。不要なトラブルを回避するため、そして犬自身を守るため、マナーとして愛犬を移動用ケージに入れましょう。どんなに穏やかな子でも、普段と違う雰囲気に興奮するなどして、思いがけない事故に発展しかねません。

電車や飛行機などの交通機関を利用する場合は、各社で詳細は異なりますが、共通の利用条件はケージ（クレート）かキャリーバッグに入れること。日頃からケージ内で過ごすことに慣らしておきましょう。

大自然の中へ出かけたら

海や川で溺れる事故にはご用心

室内犬であるトイ・プードルだからこそ、休日には思いきり自然の中で遊ばせたいもの。トイ・プードルはその昔、水鳥の猟犬として活躍していたことから、泳ぎが得意な犬種として知られます。そこで、「生まれつき犬かきができるはず」と思いこみ、水泳経験のない犬を突然、川や海に入れてしまう人がいますが、溺れる危険があるので絶対にやめてください。まずは水に慣れさせ、泳ぎ方を教えるところから始めましょう。

一見、何の規制もないように見える野山も、中には犬の立入禁エリアがあるので事前確認を。そして、どこであっても決してノーリードにしないこと。見知らぬ土地で飼い主さんとはぐれたら、即迷子です。万が一に備え、連絡先を記したIDタグの装着も忘れずに。

野外だけではない家の中で起きる熱中症

夏、最も警戒しなくてはならないのが「熱中症」です。気温と湿度が高く、体温調節が追いつかなくなり発症します。熱中症というと、真夏のカンカン照りの日を想像しますが、じつは6月頃の涼しい日のお出かけで、途中から気温が急上昇したときや、閉じられた空間でも多発しがちです。お留守番時でもクーラーをかけ、犬がお風呂場など風通しのよい場所に自ら移動できるよう、ドアを少し開けておくなどの配慮をしましょう。

車移動では、犬を車内に置いて出てしまうのは非常に危険です。車を木陰に止めたつもりが、戻ってきたら太陽が移動し、直射日光が照りつけていた、なんてことも。ごく短時間であっても、エアコンはつけっぱなしにしておきましょう。

熱中症、3つの対策!!

涼しい場所へ移す

とにかくまず、愛犬を日陰の涼しい場所へ移動し、横たわらせてください。戸外であれば木陰、室内であればエアコンで室温を下げたり風通しのいいところへ連れて行きます。無風状態なら、手の空いている人がうちわ代わりのもので愛犬の体に風を送ります。意識が焼失し、舌がだらりとしていたら危険。その舌が引っ込んで、のどがふさがり窒息してしまうのを防ぐため、舌を引っぱり出し、奥に引っ込まないように布でしばり、気道を確保します。

体を冷やす

一刻も早く、体を冷やします。バスタブなど水に浸せる場所があれば、体全体を浸けて一気に冷やしますが、通常は水をかけたり、濡れタオルで体をくるみます。このとき水の温度は冷たすぎないのが基本。また濡れタオルや保冷剤を、熱放出のいい頸動脈のあたり（後肢の内股や首）に部分当てするのも、体温を迅速に下げる効果的な方法です。ただ体温が低下しすぎるのはよくありません。犬の平均体温の39度まで落ちたら、ひとまず動物病院へ連れていきましょう。頭を冷やしながら移動するといいです。

水分を補給する

犬が自分で水を飲める状態なら、たくさん飲ませて水分補給させます。体内で水分を吸収しやすいスポーツドリンクもいいでしょう。このとき、スポーツドリンクは水で割って、通常の2倍ほどの薄さにしましょう。ただし自力で水を飲めない場合は、無理に飲ませないでください。水分が誤って気管に入ってしまうと、呼吸障害を起こしかねません。急いで動物病院へ運び、点滴で水分補給処置をしてもらうべきです。

気温、湿度、風が体感温度を左右するカギ

暑さを体感する3つの要素は、「気温、湿度、無風」です。熱中症を防ぐには、この3つの要素がなるべく重ならないようにすることです。

例えば散歩のコースは、涼しい風が通る場所に変更します。時間帯は、夜中から明け方にかけてがベストです。真夏は、早朝でも気温が30度を超える日もあるからです。体高の低い犬は、地面からの放射熱をまともに浴びてしまいます。

盲点となりがちなのが、地面の温度です。日中の日差しを受けて熱せられたアスファルトは、日没後もしばらく余熱が残っています。犬は靴を履かないので、熱い路面を歩くと、肉球をヤケドしてしまう恐れがあります。飼い主さんが手で地面を触り、十分に冷えていることを確認してから出かけるようにしましょう。

熱中症の恐ろしいところは、あっという間に症状が進むことです。初期症状では、「ぐったりと元気がない／呼吸が荒い／よだれが大量に出る／体が熱い」といった状態が見られます。この段階で適切に手を打たなければいけません。

「体温が40度以上に上昇／目や口が赤く充血する／嘔吐や下痢がある／反応が鈍い」といった症状は、相当な危険信号です。さらに、「けいれん発作／嘔吐や下血／チアノーゼ／意識がない」といった症状は、命にかかわる重篤な状態です。

異変に気づいたら、前頁に挙げた応急処置を、一刻も早く行います。病院に着くまでに適切な対応ができるかどうかが、明暗を分けます。冷水を入れた魔法瓶、タオル大小、日傘、扇子、体温計、外出先の病院リストなどを常備するとよいでしょう。

秋 9月／10月／11月

おしゃれして出かけたり、
スポーツしたり。
愛犬との暮らしを積極的に
楽しみたいシーズン。

暮らしの注意点

be careful!

夏の疲れをリセットし ベストの体調を整えよう

カラリと気持ちのよい秋は、「おめかしした愛犬と、お出かけを楽しみたい」と意気込む人も多いことでしょう。ただし、暑さがひと段落する9月は、じつは夏バテが出やすい時期。まずは心身のコンディションを元に戻すことを心がけましょう。

暑さで食が細くなっていた場合は、栄養不足に陥らないよう食事管理を。夏に控えがちだった運動量も、徐々に元に戻します。人にとって肌寒く感じられる11月頃は、犬にとって最も過ごしやすい季節。食事も運動も、過不足に陥らないように考慮しながら、愛犬と一緒に、ベストシーズンを満喫しましょう。

ケア

care

ダメージを受けた皮膚や被毛を健康に導く

海に山にとお出かけした夏をへて、愛犬の被毛は紫外線や塩水などで荒れています。薬用シャンプーで洗い、ダメージを受けた被毛や皮膚の回復を目指しましょう。

山の中でつけてきたダニが、肌に食い込んでしまうこともあります。さらにこの季節は、食事や体調が原因となり、皮膚病が意外と多いものです。異常がないかどうか、手入れをしながらチェックするとようにするとよいでしょう。泥パックやアロママッサージなどのスペシャルなケアもおすすめです。

夏にはサマー・カットをしていても、10月に入ったら少し長めのカットをしましょう。短くし過ぎてしまうと、10月はよくても、11月になり寒くなってきたときに体調を崩すもととなります。

散歩中に枯草がからまり、毛玉をつくることがあります。また、体に植物の種子をくっつけてくることもあります。犬は、種子がついていても、自分で振り払って落とすことはあまりありません。散歩から帰った際にもブラッシングして、きれいに落とすようにしましょう。

トイ・プードルの場合、防寒に対してあまり神経質になる必要はありません。むしろ、自然な気温変化を体感させないことで、換毛期がズレたり、ひ弱な犬に育ったりなどの弊害が表れます。元気な成犬であれば、ヒーターを入れるのは、冬を迎えるまで待ちたいものです。

秋晴れの日は、ベッドや敷物、サークルも日干しして湿気を取ると、気持ちよく過ごせます。

秋の体調と環境

autumn

夏バテからの回復は食事と運動がキーワード

暑さが犬にとって苦痛なことと、熱中症のリスクを避けるため、夏はどうしても散歩量が不足しがちです。あまり体を動かさないことで、健康的な成犬であっても、筋力は低下しています。そのため、9月に入って涼しくなったからといって、「運動不足を解消」とばかり一気に運動量を戻すと、心臓に負担がかかり、脳貧血を起こしたり、倒れたりすることも。腱を痛めたり、パッドを擦り切らしてしまう事態にもなりかねません。まずは足腰や体を少しずつ慣らしながら、段階的に元の運動量に戻すようにしましょう。

運動や散歩の際には、時間帯にも注意してください。9月だと日中はまだまだ暑く、道路もかなり熱しています。朝夕の涼しい時間帯を選べば、犬は気持ちよく体を動かせます。

夏バテ状態で食欲不振が続いている場合、神経質にならず、一時的に食事の量や回数を減らしてもかまいません。いつものフードにトッピングすれば、食いつきもよくなり、栄養も摂取できます。

体の調子が戻ったら、思いきりスポーツの秋を楽しみましょう。

本能的に食欲アップ肥満にさせない努力を

涼しくなるとともに、食欲も戻ってきます。また本能的に、冬に向けて皮下脂肪を蓄えるため、カロリーを摂取しようとします。トイ・プードルは他の犬種にくらべると、若いうちはあまり太ることはありません。が、2歳ぐらいから肥満犬が増えます。概して肥満の犬は、食事の好き嫌いが激しいなど、食に対してわがままなことが多いようです。

とはいえ、これは犬が悪いわけではありません。好き嫌いを克服させず、わがままを聞き入れてしまった飼い主さんの責任です。食事管理を頑張ってしていたはずが、家族の誰かがこっそりとおやつをあげていたため太らせてしまった、なんて悲劇(?)もよく聞きます。家族内のルールは徹底させるようにしましょう。

室内での暮らしが主流になった現代の犬においては、冬であれ過剰な皮下脂肪は不要です。それどころか、太ることで足腰に負担がかかり、病気を誘発するなど、肥満は百害あって一利なしなのです。

一度太らせてしまうと、痩せるのは簡単ではありません。ダイエット中の犬はつねに空腹状態となり、精神的にもストレスとなります。普段からフードをきちんと計量して与える、太ったと感じたら、野菜やおからの「かさ増し」作戦でカロリーを抑えるなど工夫してみてください。

子犬の便を観察し食事量の調節を

食欲が増すのは子犬も同じこと。便の状態を観察し、よい便であっても1日3回以上する場合は、食事量を少し控え目に。見た目はまだまだ幼くても、10カ月を過ぎたらカロリーの高いパピーフードは卒業です。

カサカサ乾燥肌が皮膚トラブルを招く

空気が乾燥してくると、肌の水分が奪われ、カサカサしてきます。犬の皮膚は、人間よりも3から5分の1程度の厚さしかなく、デリケート。乾燥肌が原因で、トラブルを引き起こしてしまうことがよくあります。被毛がパサつく、かゆがる、などは乾燥肌のサインです。

「皮膚に異常あり」と感じたら、動物病院で診てもらいましょう。というのも、皮膚トラブルの原因は、ストレスからホルモン系の病気まで幅広く、「乾燥しているから保湿すればよい」という単純な図式があてはまらない可能性もあるからです。獣医師の診断を仰いだうえで、有効と判断されたなら、薬用保湿シャンプーや保湿効果のある入浴剤を利用する、植物オイルなどを食事に取り入れるなど、自宅でできる保湿対策を取り入れるのはよいことです。

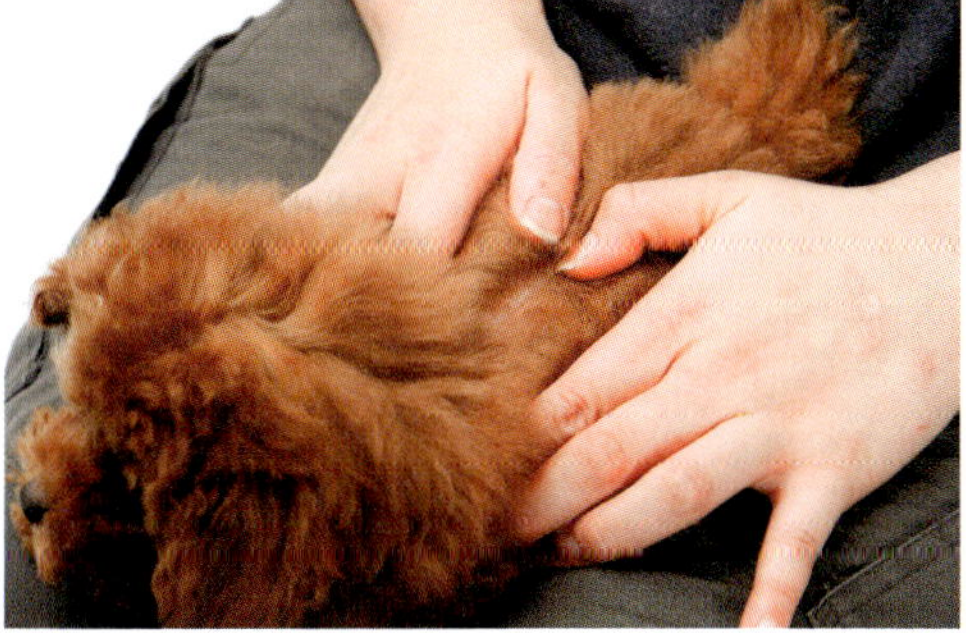
もこもこ被毛のトイプーは皮膚疾患がわかりにくいもの。地肌のチェックに心がけましょう。

冬 12月／1月／2月

乾燥する季節でも、
ブラッシングで毛玉知らず！
寒暖差に気をつけて、
冬を元気に乗りきろう。

暮らしの注意点
be careful!

ディナーやおせちのおすそ分けは控えよう

おしゃれが楽しいトイ・プードル。クリスマスやお正月には晴れ着を着せ、「親戚や友人にお披露目を」と張りきる人も多いかもしれません。ご馳走を囲む場面では、誰にでもなつっこいトイ・プードルの魅力に負け、お客さんもつい、「一口だけ」とお相伴させたくなってしまいがちですが、控えてもらうようにお願いしてください。クリスマスのディナーやおせち料理は、塩分も糖分がたっぷり含まれており、肥満はもちろん、消化不良や胃炎を起こしてしまいます。

犬と記念写真を撮る際にもおやつを多用してしまわないように注意を。

ケア

care

カラカラに乾いた空気で油断すると毛玉だらけに

春にヒートを迎えたメス犬の子が、生後6カ月を迎える頃です。だいぶ被毛も長くなってくるので、毎日のブラッシングを習慣化してください。毛が目に入ると、涙ヤケなどの原因になりますので、顔まわりをカットしたり、伸ばす場合は薄い和紙で毛をいくつかの束にまとめてゴムで止めます。初めてでコツがつかめない人は、トリミングサロンなどでやり方を教わりましょう。

空気が乾燥しているこの季節は、静電気が起きやすくなります。すると、毛が乾燥して荒れ、トイ・プードルの大敵である毛玉が多発。特に耳や脚のつけ根は毛玉ができやすく、毛玉になったままぬらしたりすると固く取れなくなって大変。

健やかな換毛を促し、毛玉をほぐすために、冬場のブラッシングは特に念入りに。この時期のブラッシングは、皮膚の血行を促すメリットも見逃せません。市販の静電気防止スプレーやオイルなどを被毛につけてからブラッシングをすると、毛並みがなめらかになります。

トイ・プードルは寒がりな犬種というわけではありませんが、人の手で毛をカットしているぶん、体が本来備えている保温機能が、少し奪われる形となります。顔や足などの毛を刈り込むカットを施していると、寒風が地肌を直撃するため、体を冷やす危険があります。高齢に差しかかったら、外出時はウェアを着せるなど、寒さ対策を行ってください。ただし、暖かくても、流行りのフリース素材などの化学繊維は避けたほうが無難です。被毛とこすれて静電気が発生し、毛がパリパリに乾燥するため、毛玉の原因になるだけでなく、フケが出たりと皮膚トラブルを引き起こします。静電気自体は犬にとって不快ですし、怖い思いをさせることで、洋服嫌いになりかねません。

寒くても半月に1回はシャンプーしましょう。晴れた日を選び、浴室を十分に温めておいてから、段取りよく短時間で済ますこと。濡れた毛はタオルで拭き取ったあと、ドライヤーで被毛の根元まで乾かします。脇や後ろ肢のつけ根など、うっかり忘れがちな場所もしっかり乾かしてください。

子犬の体調を守る環境づくりを

子犬は、暖房のきいた室内でも、寒さで体調を崩しやすいもの。ケージにペットヒーターを入れ、タオルや毛布を敷いてあげると、快適に過ごせます。食事も必ず、人肌程度に温めて与えるようにしましょう。

冬の体調と環境

winter

ポカポカ室温と外気温 寒暖の差が危ない

子犬が6カ月を迎える頃には、口の中をチェックして、歯の生え変わりをチェックしましょう。乳歯は全部抜けましたか？　よく犬歯が二重になっていることがありますが、口臭や史蹟の原因となるので、動物病院で一度診てもらってください。

一般的に、犬は寒さに強い動物と言われますが、やはり本格的な寒さで体調を崩すことがあります。特に気をつけたいのが寒暖の差。温かい室内から、急に寒風吹きすさぶ戸外へと連れ出すのは避けてください。

自然界には、扉1枚隔てて10～20度もの気温差があるなんてことはあり得ませんので、想定外の事態に体が悲鳴を上げてしまうというわけです。心疾患のある犬や子犬、高齢犬はなおさら、冷えは厳禁です。外出する際には、まずは玄関などエアコンの効いていないスペースでひと呼吸置き、体を慣らしてから外に出すようにするとよいでしょう。

冬の事故で気をつけたい 暖房器具の低温やけど

本格的な寒さを迎えたら、普段過ごしている住環境も、今一度点検しましょう。

例えばケージの設置場所。日中は窓から太陽光が差し込んで暖かくても、夜になり、エアコンを切れば、室温はグンと下がります。窓際や廊下など、人がいない場所には、冬はケージを置かないこと。留守番時にもエアコンは入れっぱなしにし、ペットヒーターを利用して、冷えない環境づくりを留意しましょう。

ただし注意したいのが、暖房器具による低温やけどです。ヒーターのすぐそばや、コタツの中、ホットカーペットの上などで長時間過ごすうちに、ジワジワと熱におかされてしまうというものです。

低温やけどの症状は、すぐには現れず、数日後から皮膚の色が変化してきます。

一般的なやけどのように、水ぶくれや皮膚のただれなどができるわけではないので、うっかり見過ごしたり、気づいても深刻に受け止めない人もいるかもしれません。しかし患部は深く、皮下脂肪にまで達しているケースもあります。放っておくと炎症が悪化したり、患部が壊死する恐れもあるので、発見し次第動物病院で診てもらいましょう。

子犬に電気コードをかじらせない工夫を

対策としては、湯たんぽは分厚い毛布でくるむ、ヒーターのまわりを柵で囲むなど、過度な熱さから遠ざけることです。暖房器具側の犬の体を触り、熱くなりすぎていたらスイッチを切るか、犬を他の場所に移動させます。

もうひとつ、暖房器具で気をつけたいのが、電気コードをかじり感電してしまうアクシデント。何でもかじりたがる子犬に多い事故です。カバーをつけたり、高い位置にコードをはわせるなどしましょう。

column 04

現代住宅事情に潜む危険

子どもの頃に犬を飼ったことがあり、その10年、20年後に子犬を迎えようとした人は、犬をとりまく事情が大きく様変わりしたことに驚くことでしょう。犬のための多様な商品やサービスが生まれ、はやりの犬種も時代とともに変わっています。なかでも大きな変化に挙げられるのは住宅事情です。ひと昔前とは異なり、犬は室内で飼うことが主流となりつつあります。特にトイ・プードルのような小型犬は、マンションで飼うケースも増えています。

フローリングの床では、ツルツルすべって犬の足腰を傷める原因になってしまいます。絨毯などを敷くなどの対策を取ってください。また、最近の住宅環境は構造上、気密性が高くなっています。湿度が高く、夏場は放っておくと室温もグングン上昇するため、自宅で熱中症を起こしかねません。「犬は暑さに弱い」ということを念頭におき、特に夏場は、留守中もエアコンをつけることをお忘れなく。

つねに適度な温かさと湿度が保たれた現代の室内は、ダニが繁殖しやすい空間となっています。犬用のクッションやおもちゃなどはこまめに洗い、年間を通して清潔を保ちましょう。

第5章

もっと豊かな トイ・プードルとの暮らし

飼い主とトイプーとのツーショット写真のコツ、
トイプーが大活躍する映画の DVD など
今よりもっとトイプーが好きになる最終章。

重要ポイントがわかる生涯MAP

犬の生涯では、心身ともにめまぐるしく変化していきます。

生後2週間

生後2～4週間で五感が発達し、少しずつ活動し始め、離乳も始まります。

生後1カ月

生後1カ月頃には、母犬から離れて、あちこち冒険を始めます。

生後3カ月

2カ月半～3カ月

家族として人間と暮らすようになる時期

子犬を迎えるのに最適な時期。新しい人や環境にスムーズに慣れることができます。これ以上早く母犬や兄弟犬から離れると、犬同士の社会化不足から、性格形成や対犬関係に影響を及ぼす恐れあり。

2回目のワクチン後散歩に出かけよう

2回（動物病院によっては3回）目のワクチン接種が済んで、2週間ぐらいたったら、散歩開始のときです。最初は足がすくむかもしれませんが、少しずつ慣らしながら、外の楽しさや、歩く喜びを教えてあげましょう。

社会化トレーニングスタートの時期

生後8～12週は社会化期。家族以外の人、他の犬、物音や初めての場所など、外界のさまざまな物事に触れる体験をさせ、慣れさせましょう。少しのことでは動じず、豊かに人（犬）生を楽しめる犬に育ちます。

食

便の状態を見たり嘔吐がないか注意

家に来てすぐは、それまでと同じフードを与えます。その後、便の状態を見ながら、他のフードに変えていってもOK。フードの硬さや量も、便を見ながら、成長に合わせて調整しましょう。

運動

遊び過ぎは体力を消耗する危険あり

体が未成熟なため、子犬のペースで遊ばせていると、低血糖を起こしたり、急にぐったりしてしまうことがあります。1日のうち遊ぶ時間を取りすぎず、睡眠タイムも十分に確保しましょう。

ストレス

かわいいからと構いすぎに注意

家に来た日、子犬は初めての環境と、母犬や兄弟犬と離れたことで、不安でいっぱいです。そこで飼い主さんが構いすぎるとストレスに。我が家に慣れるまで、優しく見守る気持ちを大切に。

♀ 初潮を迎える前に知っておきたいこと

ヒート（発情期）のサインとしては、陰部がふくらむ、尿の回数が増える、体がふっくらする、などが挙げられます。出血を自分でなめてしまい、気づきにくいことがあります。

♂ 発情はメスのニオイに反応して開始

オスの発情は、メスのように期間が決まっているわけではありません。メスがヒート中に出すホルモンに誘発されて反応します;マウントしたがるなど、メスに執着するように。

5～6カ月

自我が芽生え情緒が不安定に

外の世界に対して警戒心が芽生えるようになります。人間の思春期にあたります。縄張り行為や攻撃性、情緒不安定、飼い主さんへの反抗などが見られるようになります。

生後5～6カ月

9カ月

性成熟を迎え初潮・発情が始まる

生後7～10カ月で、初めてのヒート（発情期）が、その後、6～8カ月おきに、ほぼ定期的に訪れます。心身が未熟なので、最初のヒートでの交配は避けます。オスは、生後10カ月を過ぎれば生殖活動が可能に。

9カ月

突然言うことを聞かなくなる!?

群れにおける序列を意識し始めるときです。飼い主さんより優位に立とうとする挑戦的な子もいるでしょう。突然、飼い主さんの指示に従わなくなり、言うことを聞かないのは、そうした態度の表れかもしれません。

1歳から先は次のページへ

1歳

被毛がしっかり生え揃い、トイ・プードルのクリクリ巻き毛が完成します。

2歳

3歳

6歳

1歳

体形が完成され見た目は一人前に

どこから見てもおとなの体格に。体のサイズはもちろん、骨格、筋力、内臓機能も成犬のものです。とはいえ、内面的にはまだまだ子どもっぽく、やんちゃやいたずらは続きます。人間でいえば、ティーンエイジャーといったところ。

2歳

人間の20歳に相当でも中身はまだ子供

見た目は立派なおとなですが、内面はまだ成熟しきれていません。欲求が抑えられず、飼い主さんを手こずらせるかもしれません。何でも要求を飲んでしまうと、ワガママ犬に成長するかも。犬があきらめるまで、毅然とした対応で接しましょう。

3歳

成熟期で体力気力ともに充実

心身ともに安定し、新しいことに何でも挑戦できますので、犬との暮らしを積極的にエンジョイできます。飼い主さんとのコミュニケーション能力も高まり、互いにベストな関係を築けます。犬の生涯における最もよい時期といえます。

6歳

まだ成熟期だけど新陳代謝が低下

ターニングポイントとなる年齢です。身体機能の成長が終わり、新陳代謝も落ち始めます。注意したいのが中年太り。肥満はさまざまな病気の引き金となります。食事管理をきちんとして、運動も怠らず、体型維持を。

飼い主さんの油断がトラブルを引き起こす

犬育てでは、慎重の1年目、様子見の2年目、油断の始まる3年目ともいわれます。去年、一昨年は平気だったから、との思い込みは、思わぬ落とし穴になるので注意しましょう。

パピー用から成犬用へチェンジ

生後8～12カ月のタイミングで、パピー用フードから成犬用にシフト。育ち盛りの子犬に合わせて作られたパピーフードでは、成犬にはカロリーオーバーとなり、肥満となってしまいます。

健康とベスト体形を手に入れよう

ぬいぐるみのように愛らしいトイ・プードルですが、丈夫な体を作るため、しっかり運動させることは不可欠です。よく食べる犬種ですので、運動不足による肥満を防ぐためにも運動は必要です。

知的な遊びで発散しましょう

運動不足はストレスのもと。トイ・プードルが熱中する、頭を使った芸などの遊びを取り入れましょう。苦手なことがあれば時間をかけてでも克服し、ストレスを取り除いてあげましょう。

重要ポイントがわかる生涯MAP

食 歯や内臓に優しい内容に

低カロリーで消化吸収しやすいシニアフードに切り替えましょう。歯が悪い場合は、ふやかしたり細かく刻んで。高齢になると食欲旺盛になる犬もいます。低カロリーの野菜でかさ増しするなど工夫を。

運動 体温調節のための対策を抜かりなく

体力維持と気分転換のため、高齢になっても散歩は続けましょう。ただし、体力や疲れ具合を見ながら、散歩量を加減して。夏や冬は時間帯を変えたり、ウェアを着せたりと、体温調節をしっかりと。

ストレス ささいな変化も苦痛と感じがち

小さな変化をストレスと感じやすくなります。五感が衰え、物事の気配を察するのが下手になり、後ろから突然声をかけられただけでもストレスになりかねません。気持ちを乱さないような接し方を。

たんに寿命を延ばす長生きではなく、健康に暮らせる期間を延ばしてあげる工夫が大切です。

7歳

見た目は若くても高齢期に突入！

豊富な毛量のトイ・プードルは、被毛に老いが表れにくいのですが、見た目に大きな変化はなくても、老いは確実に始まっています。暑さ寒さに気を配る、運動量を調整するなど、知らず知らず体に負担を強いていないか見直しましょう。

10歳

目に被毛に動きに老化が表面化

目に見える老化が遅いトイ・プードルも、目がうっすらと濁り、被毛の量が落ちてきます。動きや反応が鈍り、寝る時間が長くなるといった老化のサインが表れます。病気にもかかりやすくなるので、早期発見に努めて。

13歳

腎機能の衰えなど老いが明白に

見た目も体の機能も高齢期に突入。五感、内臓機能、運動能力などが総合的に落ちてきて、昔は当たり前にできたことができない、といった場面に遭遇します。運動、食事、住環境などをもう一度見直しましょう。

15歳

超高齢期に突入ムリのない生活を

痴呆や寝たきりになり、介護が必要になるかもしれません。ムリのない生活を送らせましょう。ただし、自力でできることがあれば、やる機会を奪ってしまわないこと。残された機能は最大限生かすことが大切です。

7歳
10歳
13歳
15歳

トイプーの寿命は長い？ 短い？

平均寿命が12～13年と長めです。ちなみに、毛の量が多いことから体の老化が見えづらく、若々しい印象を与えるため、高齢になっても年より若く見られます。白内障が出なければ、11歳ぐらいまでは、高齢犬だと気づかれないほどです。

チャレンジ

もっとトイプー生活を楽しもう

潜在能力の高い犬種だから、愛犬とできることがいっぱい。

アクティビティを通じて互いの絆を深めよう

犬を飼うことは、飼い主さんの世界を広げ、人生を豊かにしてくれます。さらには、愛犬と一緒に新しいことに挑戦することで、絆も深まり、貴重な思い出作りにもなります。

クリッピングやファッションを変えれば、手軽にイメチェンできるトイ・プードルを飼ったら、ぜひおしゃれを楽しんでほしいもの。とはいえ、着飾らせて楽しんでいるだけでは、もったいないかもしれません。サーカスで活躍するほど賢くて運動神経のよい犬種ですから、犬の方でも物足りないでしょう。体を使ったアクティビティにも、ぜひトライしてみてください。

オフ会に参加してみる

多彩なトイプー&愛好家同士で盛り上がる

トイ・プードルの飼い主さんが交流するウェブサイトなどのオフ会に、犬連れで参加してみましょう。バラエティ豊かなカラーやカットスタイルのトイ・プードルが一堂に会する光景にワクワクします。

アジリティで遊ぶ

コツを飲み込み得意げにチャレンジ

トイ・プードルの身体能力の高さを、アジリティで引き出してみましょう。学習意欲が高いので、気質的にも向いています。そのジャンプ力や、軽々とした身のこなしに、改めて驚かされるかもしれません。

ちょっと高度な芸を教える

頭を使った遊びで飼い主さんと盛り上がる

元サーカス犬だったトイ・プードルの、高い知的意欲を満たすため、さまざまな芸に挑戦してみましょう。バキュン（飼い主さんが撃って、倒れるポーズを取る芸）や、人と犬が音楽にあわせて一緒に踊るドッグダンスも楽しいですね。芸の難易度を少しずつ上げても、「もっと教えて！」と、張り切って取り組んでくれるはずです。

めいっぱいおしゃれする

流行のファッションでまわりの注目を浴びよう

トイ・プードルを飼ったら、おしゃれを楽しまなければ損。多彩なクリッピングが楽しめる犬種ですから、トリマーさんと相談しながら、はやりのスタイルで愛犬の魅力を引き出しましょう。ファッショナブルなリボンやリードなどで着飾ったり、時には飼い主さんとおそろいのウェアで、話題のスポットや撮影会にお出かけ、なんていかがですか？

ドッグショーに出かけてみる

本来の高貴さあふれる理想のトイプーを堪能

ドッグショーに参加するのは敷居が高くても、見学は誰でも自由。容姿、性質ともに厳選された、トイ・プードルの理想型を見ることができます。家庭犬では見ることの少なくなった、伝統的なショー・クリップの世界にも触れることができます。JKC（※）のウェブサイトから開催予定を確認できます。

※社団法人ジャパンケネルクラブ（http://www.jkc.or.jp）

わが家のトイプーをかわいく撮ろう!!

簡単テクで、まわりがうらやむ素敵な写真が撮れるようになります。

愛犬の名カメラマンは身近にいる飼い主さん

あまたの犬種中でも屈指のおしゃれ犬であるトイ・プードルは、写真映えもピカイチです。ときには飼い主さんもおしゃれして一緒に写れば、何度見ても楽しいメモリーとなるでしょう。

活発に動くトイ・プードルの撮影には、カメラまかせのオート撮影ばかりでなく、シャッタースピード優先で挑戦するのも一案です。愛犬の自然なしぐさ、豊かな表情を撮れるのは、身近にいる飼い主さんです。コツを押さえて、撮影の腕をみがきましょう。

デジカメのよいところは、何度でも撮り直しがきくところ。たくさん

撮影前に、まずお手入れを

せっかくいい表情や動きが撮れたのに、あとで見たら、ゴミがついていたり毛がボサボサしていたらガッカリです。特にアップで撮ると、ちょっとした汚れもはっきり写ってしまいます。身ぎれいにしてから撮影に臨みましょう。おしゃれ自慢のトイ・プードルを撮るのですから、リボンやウェアでおめかしさせるのもおすすめ。

目ヤニや、口まわりの食べかすなども拭き取ります

ブラッシングで、毛並みもきれいに整えましょう

2頭並んでの撮影はバッグやカゴが大活躍

難易度の高い2頭並んでの撮影には、こんな裏ワザがあります。バッグやカゴに入れて、動きを制限してしまうのです。バッグから顔だけ覗かせていたり、カゴから降りようと前足をかけたりする姿もキュートで、トイ・プードルの愛玩犬らしさも表現できます。カゴに布を1枚あしらえば、さらにさわやかな雰囲気に。

シャッターを切って、あとで気に入った写真を選んでプリントや保存をするとよいでしょう。

シャッタースピードを上げて瞬間を撮る

ピョンピョン跳ねるなど、生き生きとした動きが魅力のトイ・プードル。せっかくなので、にっこりカメラ目線のありきたりな写真だけでなく、トイプーらしい躍動感あふれる一枚に挑戦してみましょう。被写体の動きが速いほど、写真はブレやすくなります。ブレないためには、カメラのシャッタースピードを通常の1／60よりも1／120やそれ以上に設定してみて。撮影場所は、シャッターを速く切ることができる日中の屋外か、太陽光があたる大きな窓のある部屋を選びます。

撮影に役立つ小物たち

おやつ

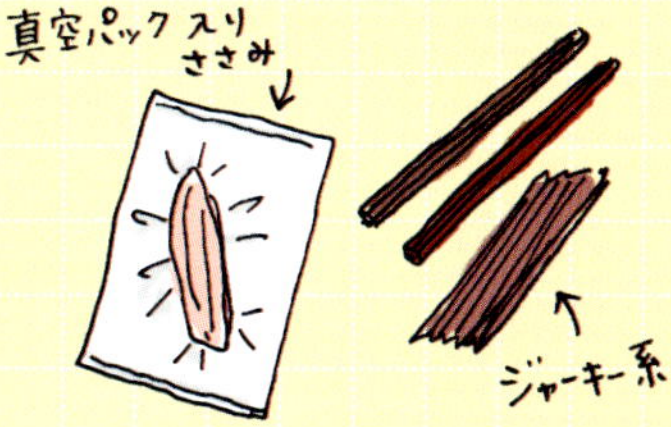

鳴り物・おもちゃ

バスタオルやタオル

動物専門のカメラマンも、よい表情を撮るために、ちょっとした小物を用意して臨みます。カメラ目線をもらうには、小道具で犬の注意を引きつけるのが一番。「マッテ」をしながらおやつをちらつかせれば、まっすぐカメラの方を見てくれます。大好きなおもちゃや音の鳴るボールも、シャッターを押す寸前に見せれば、ハッとしたよい表情を見せてくれます。トイ・プードルのような小型犬を生き生きととるためには、犬と同じ高さの目線で撮るのもひとつのテクニック。その際、戸外で地面に腹ばいになることもあります。お腹の下にタオルを敷けば、服が汚れずに済みます。

どうしても動いてしまう犬の撮り方

抱き上げて写真を撮り、手の部分をカットする編集を施して保存。

何度カメラを構えても、犬が動いてしまう場合は奥の手あり。抱き上げて、犬のお尻や胴体をしっかり押さえてしまいます。そして、押さえた手が写らないように、犬の上半身や顔まわりに寄って撮影します。この方法を応用し、犬を高々と抱き上げて、桜の木や澄み渡った青空などをバックに撮れば、素晴らしい写真になります。体重が軽く、持ち上げるのもさほど大変ではないトイ・プードルの飼い主さんには、ぜひ活用してほしいテクニックです。

布と小物でプロのスタジオ撮影ふうに

たまにはスタジオでの撮影ふうに、背景をセッティングしてみましょう。カーテンレールや物干し竿を利用して、床から30センチほどの高さからシーツや布を垂らします。こうすればごちゃごちゃした背景も隠れてすっきりします。100円ショップなどを利用して、カラフルなおもちゃや小物を配置すれば、ファンシーな空間のできあがり。布は無地のものがプロっぽくておすすめです。

効果絶大!!

友達にお願いして カメラの真後ろで 犬の目線を引いてもらおう

犬の撮影は、小道具を使ってカメラ目線をもらうのが基本ですが、小道具を振りながら、目線が来たらすかさずシャッターを押すのは容易ではありません。そこで、友達や家族に手伝ってもらいましょう。カメラの後ろに回ってもらい、犬の注意を引いてもらいます。レンズのすぐ真上でおもちゃを動かしてもらうのがポイントです。

ツーショットは人と犬の顔を近づけて

人と愛犬のツーショット写真では、立ったままどちらの全身も入れて撮ってしまいがちです。すると、特にトイ・プードルのような小型犬は、表情がわからないほど小さく写ってしまいます。そこで、犬を抱っこしたり、飼い主さんがしゃがんだりして、犬と顔を近づけるようにしましょう。撮影する側は、全身を入れるのではなく、顔まわりに寄って撮影します。すると、お互いの表情がよくわかり、寄り添うことで親密さも伝わる写真に仕上がります。

色がポイント!!

毛色に合わせて飼い主さんの洋服の色を決めると○

愛犬を引き立たせる写真を撮るには、背景が大きなポイントとなります。家がちらかっていたり、公園で撮ったらゴミ箱がはっきり写っていたりしたら、洗練された1枚にはなりません。ツーショット写真では、飼い主さんの着ている洋服が犬の背景となりますので、色選びには気を使いましょう。犬の被毛と、洋服が似た色だと、犬のシルエットが沈み込んでしまい、何だかよくわからない写真になってしまいます。毛の色だけでなく、犬のウェアやリボンの色が重ならないかも要注意です。賑やかな柄も、犬の輪郭がわかりづらくなるので避けたほうが無難です。

洋服は、被毛とのコントラストが強すぎても、カメラの露出の関係で、被毛の色が白く飛んだり、逆に暗くなってしまいがち。被毛とのコントラストの強すぎない、中間色の服を着ると、愛犬が写り映えします。

順光と逆光

真っ当に「順光」か、あえての「逆光」か、雰囲気出しで「斜光」で撮るか!?

光の扱い方を知ると、写真撮影はぐっと幅広くなり楽しくなります。被写体の前面に光がまっすぐ当たっている状態を順光、被写体の後ろから光が当たっている状態を逆光、横から光が射すことを斜光といいます。本来は色がきちんと出る順光でこそ美しい写真を撮れますが、あえて逆光で撮ると、毛先が透けて美しいシルエット写真に。斜光は陰影が出るので、雰囲気のある一枚に仕上がります。表現したいイメージを描き、光の当て方を変えてみましょう。

トイプーが出てくる

映画・アニメ・TVドラマ・DVD

優雅で愛らしいと見せかけて、小さな体で八面六臂の大活躍。トイプーならではの良さがあふれ出す作品を、一挙ご紹介します。

登場作品の数が急増中!? さすがは人気犬種

今や国民的人気を博すトイ・プードルは、エンターテインメント作品にも引っ張りだこです。古い映画や小説よりは、ここ10年ぐらいの比較的新しい作品でよく見かけることからも、近年のトイプー人気の白熱ぶりがうかがえます。

クルクル巻き毛の気品ある外見と、軽快な身のこなし、頭のよさで、たちまちまわりをメロメロにしてしまう。そんな稀有な存在感の持ち主だからこそ、堂々たる主役も張れれば、心に残る名脇役にもなれるのでしょう。映画や写真集などで、トイプーならではの多彩なコートカラーを鑑賞するのも楽しいですね。

トイプーが出てくる映画・アニメ・TVドラマ・DVD

映画『犬とあなたの物語　いぬのえいが』
監督：長崎俊一／出演：大森南朋／松嶋菜々子／篠田麻里子　2010年／日本

ドラマ『デカワンコ』
原作：森本梢子　出演：多部未華子／手越祐也／沢村一樹
日本テレビ

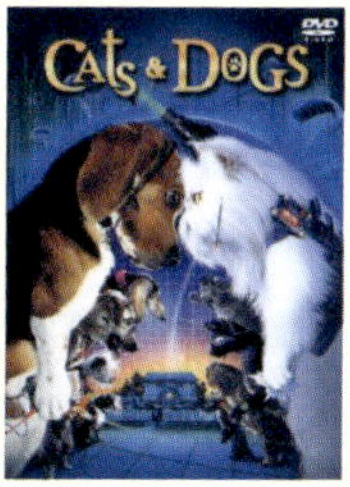

映画『キャッツ＆ドッグス』
監督：ローレンス・ガターマン　出演：ジェフ・ゴールドラム／トビー・マグワイア
2001年・アメリカ

DVD『ワンちゃんねるトイプードル』
販売元：オルスタックピクチャーズ

DVD『グルーミングトイプードル』
制作元：エイベックス・トラックス

DVD『VisualHealing トイプードル6』
制作元：ケンメディア

あの有名作品にもしっかり出ています！

『犬とあなたの物語　いぬのえいが』は、6編からなるオムニバス映画。「DOG NAP」というお話では、トイ・プードルのマリが誘拐されてしまいます。さらには、誘拐犯のアジトでは、犯人のひとりが人質マリの魅力に心を奪われてしまい……。マリの愛らしい演技を見れば、犯人のダメっぷりもうなずける!? 洋画でも、トイプーを発見。『キャッツ&ドッグス』は、犬アレルギー向けの新薬開発を阻止しようとする猫族と、それを阻止しようとする犬族の戦いを描いたコメディ。さまざまな犬種が登場するので、トイプー好きならずとも、犬好きな人ならめいっぱい楽しめます。テレビドラマでも密かに(?)熱視線を浴びたトイプーあり。『デカワンコ』では、主人公である天然キャラの刑事・花森一子の愛犬がトイ・プードルのパトラッシュ。一子の浮世離れしたゴスロリファッションにも、違和感なくなじんでしまうのはさすがです。

トイ・プードルを初めて飼う人におすすめしたいのが『ワンちゃんねるトイプードル』。犬種の歴史や特徴、しつけの方法などを、ナレーションつきで紹介しており、知識を身につけることができます。同じく、トイプービギナーに見てほしいのが『グルーミングトイプードル』。爪切りやシャンプーなど、多くの人が苦労するトリミングのやり方をプロが指導。目指せ、自宅でトリミング！

映像で、心ゆくまでトイ・プードルの姿を堪能したいなら、『Visual Healing トイプードル6』はいかが。愛嬌と気品と頭の良さが同居するたたずまいに、見終わったときにはトイ・プードルのことがもっと好きになること間違いなし。

明るい性格だからでしょうか、コメディタッチのコミックにも登場しています。『ラブわん！』（1〜4巻）の主人公・のあは、犬と話せる女の子。同級生を犬に変える不思議な魔法も使えます。のあの同級生が飼っているのがトイ・プードル。作品中でのトイプー出現率は高く、コメディ作品の要所でいい味を出しています。同じくコメディ作品の『イヌのプー太郎 2匹のトイプードルに牛耳られる日々。』では、家にやって来た2頭のトイ・プードルに翻弄される毎日を描きます。トイ・プードルの飼い主さんなら、笑いながらも共感できるツボが満載です。

犬の高齢化時代を迎えた今、愛犬と長く寄り添う素晴らしさを教えてくれるのが『我輩はトイプードル犬「ボス」である 17才9ケ月の生涯』。病気と闘いながら17歳で他界したボスと、著者の心の交流がじんわり胸にしみます。

本『Don't worry, beCookie! 幸せをはこぶトイプードル』
著者：谷口咲　幻冬舎ルネッサンス刊

本『イヌのプー太郎 2匹のトイプードルに牛耳られる日々。』
作者：中川いさみ　メディアファクトリー刊

本『我輩はトイプードル犬「ボス」である　17才9ケ月の生涯』
作者：長谷川治代　音羽出版刊

トイプーが出てくる映画・アニメ・TVドラマ・DVD

愛犬ブログが盛んですが、人気ブログから飛び出した写真集が『トイプードルあづきのパリ日記。』。写真家とフランスで暮らす、漆黒のトイ・プードル、あづきが主人公です。お出かけしたり、カフェでお茶したりと、パリでの飾らない暮らしぶりが素敵です。ルーツ的にフランスと縁の深い犬種なので、パリの風景とマッチするのもうなずける!? 『Don't worry, be Cookie! 幸せをはこぶトイプードル』も、飼い主さんが手がけた愛犬のフォトエッセイ。ページをめくるたびに、クッキーのキラキラとした表情や動きが目に飛び込んできます。トイ・プードルの身体能力の高さと聡明さを証明してくれるのが『カリンとフーガ　日本初のプードル警察犬』。トイ・プードルとして日本で初めて、鳥取県警の警察犬に合格したフーガとカリンの姿を追ったものです。真剣に訓練に打ち込む姿あり、飾らないオフショットありと、"カッコかわいい"トイプーに出会えます。

コミック『ラブわん!』1〜4巻
作者：亜月亮　集英社刊阪
株式会社／2011年日本

写真集『トイプードルあづきのパリ日記。』
著者：吉田パンダ　エクスナレッジ刊

こんなとき、どうする!?

トイプー育てのQ&A

しつけや健康面での悩みから、もっと楽しく暮らす方法まで、トイプーの飼い主さんが直面する、素朴なギモンにお答えします。

Q1 トリミングサロンでもっと魅力的に変身させたい！

A1 トイ・プードルのカットはバリエーション豊か。幅広いイメチェンが楽しめます。サロンでは、「夏らしくさわやかに」「若々しく5近い雑誌の切り抜きなどを持参すると、イメージが伝わりやすくなります。被毛の色や顔立ちなどによって似合うスタイルも異なりますので、トリマーさんと相談しながら決めると、愛犬のよさを引き出すスタイルに仕上がります。

Q2 レッドの子犬を購入。成犬になったら、被毛の色が薄くなってきました

A2 トイ・プードルは、原色であるブラックとホワイト以外は、成長途中で色が抜け、薄くなるのが一般的です。しかし、この事実を知らず、購入先に苦情をいう人もいますが、売り手の詐欺では当然ありません。特に一番人気のレッドは、子犬時の色が濃いことと、カラーの歴史がもっとも新しく、作出がまだ安定していないため、かなり薄くなりがちです。成長とともに変化する濃淡の美しさも、トイ・プードルを飼う醍醐味と心得ましょう。

Q3 一緒にお出かけしたいのに愛犬は嫌そう……

A3 サイズ的にも性格的にも、本来トイ・プードルは、飼い主さんとお出かけするのに適しています。普段から少しずつ、人間社会のさまざまな事物に慣らして、どこに行っても平常心を保てるようにしましょう。そうすれば、お出かけも楽しめるようになります。ただし、例えばアジリティやドッグランなど、アクティビティをする場合、犬によって好き嫌いがあります。愛犬の様子を見て、気に入りそうなら続けましょう。

Q4 犬との生活で困ったとき誰に相談したらよいでしょうか？

A4 犬の購入先のブリーダーさんやショップに相談してみましょう。中でもトイ・プードルの専門家であるブリーダーさんなら、知識も経験も豊富です。病気に関することならかかりつけの獣医師にアドバイスを求め、しつけの悩みがあればトレーナーの力を借りるのもよいでしょう。トイ・プードルを飼っている知人がいれば、トイプーならではの同じ悩みを経験していることも多く、親身になって相談に乗ってくれるはずです。

Q5 お出かけ大好き！もっと犬連れ OK の場所は増えませんか？

A5 最近は日本でも、カフェのテラス席なら犬を同伴してもよいなど、犬連れ OK の場所が増えてきました。一人ひとりの飼い主さんの意識が向上すれば、犬が自由に出入りできる場所も、今後もっと増えるはずです。家から一歩外に出れば、そこは公共の場です。普段からマナーをきちんと守り、犬を飼っていない人にも「犬がいても迷惑ではない」と思ってもらえるようになれば、よりよい共存が実現できるはずです。

Q6 甘咬みするクセをやめさせたい。どうしたいいですか？

A 犬を飼ったら誰もが体験する甘咬み。感情的になるのではなく、咬む直前や直後に、低く落ち着いたトーンで「イケナイ」と伝えます。ちなみに、甘咬みは、通常の咬みつきとは異なり、犬から人への愛情表現ともいわれます。飼い主さんが嫌でければ、行為そのものをやめさせる必要はありません。強く咬んだら、このときは高い声で「イタイ！」と伝えて、適度な強さを教えましょう。甘咬みOKの方針で育てるなら、友人と犬を会わせるときは、友人を驚かせたり怖がらせないよう、その旨、最初に伝えておきましょう。

Q7 小柄が好みなので小さい子を探しているのですが……

A 小さい、イコールかわいい、との感覚は日本人ならではのもの。しかし、無理に小柄すると、トイ・プードルなら水頭症や内臓疾患などの弊害が生じやすいことは知っておきましょう。なお、スタンダード・プードルを元に、現在のトイサイズが作られましたが、その際には、健全な犬種として確立するために、ブリーディングに膨大な年月が費やされており、わずか1代や2代での小型化とは訳が違います。

Q8 室内が犬臭くなってしまわないか心配しています

A トイ・プードルを飼う人は、ほとんどが室内飼いです。トイ・プードルは体臭の少ない犬種ですが、それでも人間を含めて、ニオイのない動物はいない以上、無臭ではありません。ですので、神経質になる必要はありませんが、気になる人は、市販の消臭スプレーや脱臭機などを取り入れてみて。ただし、犬のシャンプーや、室内トイレの掃除を怠るなど、不衛生によりニオイが生じていたら、衛生的な空間作りに努めましょう。

Q9 愛犬が嘔吐！どのタイミングで病院へ行くべき？

A 突然犬が嘔吐したら、慌ててしまいがち。犬の嘔吐はめずらしくなく、たいていは食べ過ぎによるものです。特に子犬はよく嘔吐しますが、吐いたあとにけろりとしているようなら、大きな問題はない場合がほとんどです。しばらくは家で様子を見ましょう。一方で、嘔吐のあとぐったりしていたら、すぐ病院へ連れて行ってください。嘔吐を頻繁に繰り返すと、脱水症状を起こす恐れもあり、命にかかわります。

10Q 働いているので留守番させるのがどうしても心配

A10 犬は睡眠時間が長く、日中は寝ている時間も多いもの。愛犬と一緒にいられる時間を、どれだけ密度の濃いものにできるかが勝負です。帰宅したらおもちゃで遊んだり、寝る前にはブラッシングや健康チェックでスキンシップしたりと、思いきりふれあう時間を作りましょう。犬との生活にメリハリをつけることで、犬も飼い主さんと過ごす時間を毎日心待ちにするようになり、限られた時間を全力で楽しみます。

11Q おやつは必要ですか？ 病院の先生によっても考え方が違うみたい……

A11 犬におやつは不要という考えの獣医さんもいます。一番の理由は、1日の総摂取カロリーが増えてしまうこと。でも、ごはんの量を調整するなどすれば、肥満問題はクリアできます。しつけやトレーニングの際に、おやつは犬のモチベーションを高める有効なツールとなります。ここぞというときに威力を発揮させるためにも、むやみに与えるのではなく、指示通りできたらもらえるスペシャルなものとして活用しましょう。

12Q お母さんだけじゃなく家族みんなになつく子に育てたい

A12 毎日世話を焼き、食事を与える人になつきすいのは当たり前。犬にとっては、お母さんだけが重要人物に。一緒にいればいいこともあり、頼れる存在になっています。みんなになつく犬にするには、楽しい散歩はお父さん、夜の食事はお子さんなど、家族みんなで担当を決めるようにしましょう。ただし、犬の頭の中で特定の人と役割が固定されてしまわないよう、ときどきシフトチェンジするようにしましょう。

13Q トイプーとの暮らしで一番大切なことって何ですか？

A13 愛情を持って接することです。愛犬のことをよく見て、理解する努力をしましょう。そうすれば、好きなおもちゃ、食べ物の好み、苦手なものなど、いろいろなことに気づくはずです。人の言葉を話せない犬の気持ちを、そうやってしっかり汲み取り、応えてあげられたなら、犬とのあいだに揺るぎない信頼関係が生まれます。強い絆で結ばれた時、トイ・プードルとの暮らしはとてもハッピーなものになるはずです。

愛犬の家系図ともいえる血統書を読み解く！

血筋を知れば、愛犬を大切に思う気持ちがさらに深まりそう。

愛犬のルーツがわかる情報満載の証明書

血統書は、その犬の家系が記された、純血種であることの証明書です。血統書を発行している団体は複数あり、日本ではJKC（ジャパンケネルクラブ）他、世界ではイギリスのKC、アメリカのAKC、国際団体のFCI（国際畜犬連盟）などが発行元となっています。先祖犬に団体名が記されているので、愛犬の先祖がどこから来たのかわかります。

トイ・プードルの場合、被毛のカラーによっては成長すると退色するものもあります。血統書に記されているのは、生まれたときの毛色です。ときには血統書に目を通してみるのも、よい勉強になるでしょう。

血統書に載っている情報とは

- **犬の名前**
  血統書には呼び名でなく繁殖者がつけた正式な名前が記載されます。
- **犬のデータ**
  犬種名、登録番号、登録年、性別、生年月日、毛色が一目瞭然です。
- **DNA 登録番号、ID 番号**
  JKC では DNA 登録、マイクロチップの ID 番号の登録を実施してします。
- **股関節評価、肘関節評価**
  股関節形成不全、肘関節異形成症の減少を目的とした評価です。
- **父親・母親の血統図**
  父方、母方の曾祖父母まで遡った血統がそれぞれ記載されます。
- **登録日、出産頭数、登録頭数、一胎子登録番号**
  兄弟犬の情報が記載されます。
- **チャンピオン賞歴**
  取得したチャンピオンの種別などが記載されます。
- **４代祖血統証明書発行申込書**
  希望すれば４代さかのぼった血統を確認できます。

血統書

血統書ってどんなもの？

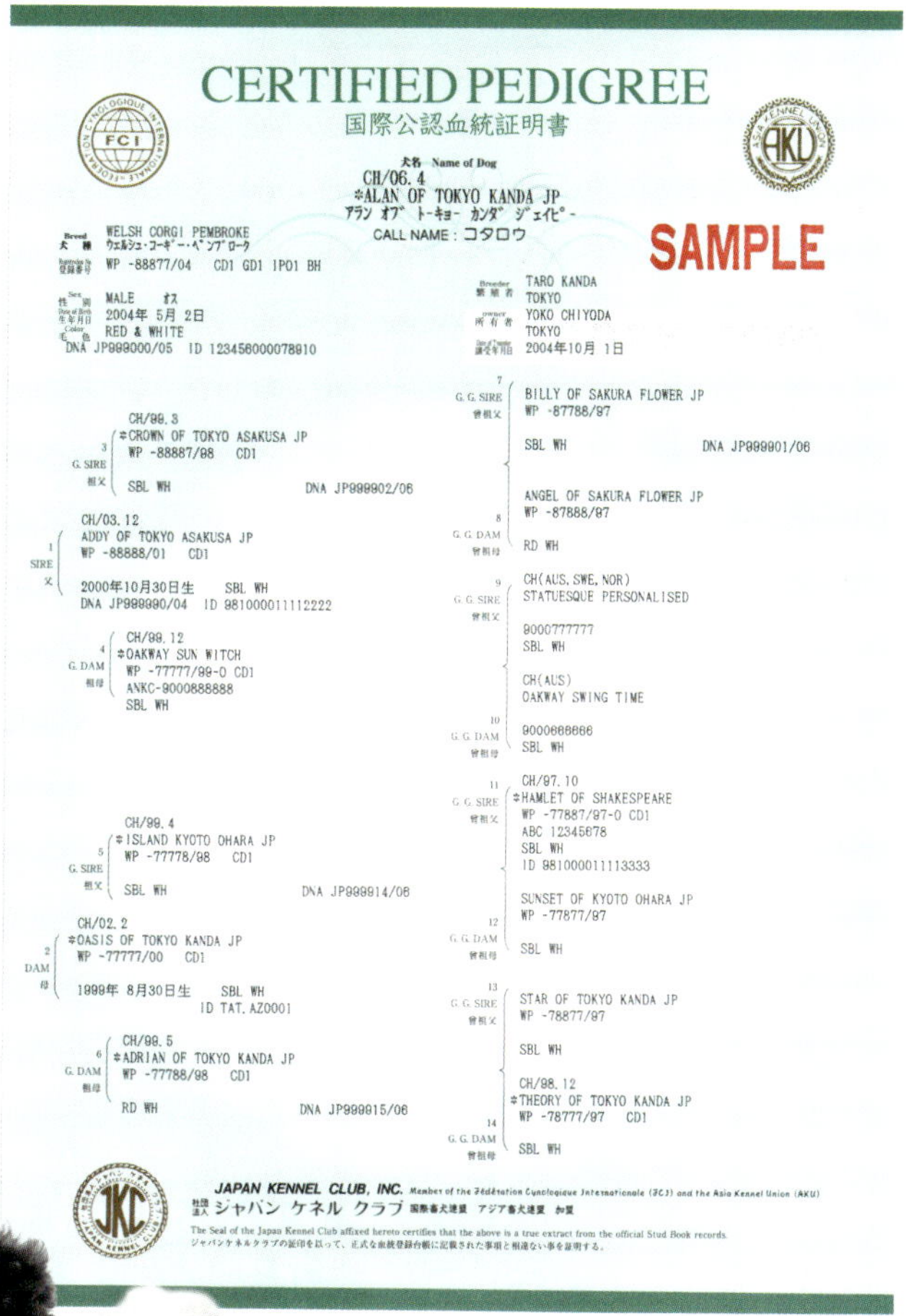

CERTIFIED PEDIGREE
国際公認血統証明書

犬名 Name of Dog
CH/06.4
*ALAN OF TOKYO KANDA JP
アラン オブ トーキョー カンダ ジェイピー
CALL NAME：コタロウ

SAMPLE

Breed 犬種 WELSH CORGI PEMBROKE ウェルシュ・コーギー・ペンブローク
Registration No. 登録番号 WP -88877/04 CD1 GD1 IPO1 BH
Sex 性別 MALE オス
Date of Birth 生年月日 2004年 5月 2日
Color 毛色 RED & WHITE
DNA JP999000/05 ID 123456000078910

Breeder 繁殖者 TARO KANDA TOKYO
owner 所有者 YOKO CHIYODA TOKYO
Date of Transfer 譲受年月日 2004年10月 1日

1 SIRE 父
CH/03.12
ADDY OF TOKYO ASAKUSA JP
WP -88888/01 CD1
2000年10月30日生 SBL WH
DNA JP999990/04 ID 981000011112222

3 G. SIRE 祖父
CH/99.3
*CROWN OF TOKYO ASAKUSA JP
WP -88887/98 CD1
SBL WH DNA JP999902/06

4 G. DAM 祖母
CH/99.12
*OAKWAY SUN WITCH
WP -77777/99-0 CD1
ANKC-9000888888
SBL WH

2 DAM 母
CH/02.2
*OASIS OF TOKYO KANDA JP
WP -77777/00 CD1
1999年 8月30日生 SBL WH
ID TAT.AZ0001

5 G. SIRE 祖父
CH/99.4
*ISLAND KYOTO OHARA JP
WP -77778/98 CD1
SBL WH DNA JP999914/06

6 G. DAM 祖母
CH/99.5
*ADRIAN OF TOKYO KANDA JP
WP -77788/98 CD1
RD WH DNA JP999915/06

7 G. G. SIRE 曾祖父
BILLY OF SAKURA FLOWER JP
WP -87788/97
SBL WH DNA JP999901/06

8 G. G. DAM 曾祖母
ANGEL OF SAKURA FLOWER JP
WP -87888/97
RD WH

9 G. G. SIRE 曾祖父
CH(AUS.SWE.NOR)
STATUESQUE PERSONALISED
9000777777
SBL WH

10 G. G. DAM 曾祖母
CH(AUS)
OAKWAY SWING TIME
9000666666
SBL WH

11 G. G. SIRE 曾祖父
CH/97.10
*HAMLET OF SHAKESPEARE
WP -77887/97-0 CD1
ABC 12345678
SBL WH
ID 981000011113333

12 G. G. DAM 曾祖母
SUNSET OF KYOTO OHARA JP
WP -77877/97
SBL WH

13 G. G. SIRE 曾祖父
STAR OF TOKYO KANDA JP
WP -78877/97
SBL WH

14 G. G. DAM 曾祖母
CH/98.12
*THEORY OF TOKYO KANDA JP
WP -78777/97 CD1
SBL WH

JAPAN KENNEL CLUB, INC. Member of the Fédération Cynologique Internationale (FCI) and the Asia Kennel Union (AKU)
社団法人 ジャパン ケネル クラブ 国際畜犬連盟 アジア畜犬連盟 加盟
The Seal of the Japan Kennel Club affixed hereto certifies that the above is a true extract from the official Stud Book records.
ジャパンケネルクラブの証印を以って、正式な血統登録台帳に記載された事項と相違ない事を証明する。

※この血統書は、JKCの発行サンプルです。(212年12月現在)

血統書を正しく読めているかチェック！

古い歴史を持つトイ・プードルだけに、脈々と受け継がれた血統に思いをはせるのもワクワクするものです。曾祖父母までの血脈が記されているので、これが読めれば兄弟犬を探すことも可能かも。

取材・撮影協力　三本 正子

プードル専門犬舎、ケイヒンミモト代表。トイ・プードルに魅せられて50年超。繁殖、ドッグショーを長年経験しながらブリーディングを続け、1980年には「ペットサロン ジャン ピエール」「ジャン ピエール動物病院」も立ち上げる。名犬も数多く輩出する、老舗的犬舎。「気持ちは今でもふつうの愛犬家です」と微笑む面持ちは、トイ・プードルへの深い愛情に満ちている。

■ケイヒンミモト　http://homepage2.nifty.com/KEIHINMIMOTO/KMindex.html

決定版《けっていばん》　愛犬《あいけん》の飼《か》い方《かた》・育《そだ》て方《かた》マニュアル

トイ・プードルと暮《く》らす　NDC645.6

2013年3月21日　発行

編　者　愛犬《あいけん》の友編集部《ともへんしゅうぶ》
発行者　小川 雄一
発行所　株式会社 誠文堂新光社
〒113-0033　東京都文京区本郷3-3-11
〈編集〉03-5800-5751
〈販売〉03-5800-5780
http://www.seibundo-shinkosha.net/
印刷/製本　大日本印刷 株式会社

ISBN978-4-416-71309-9